휴먼에러 방지를 위한 사례 연구
휴먼에러를 줄이는 지혜

휴먼에러 방지를 위한 사례 연구

휴먼에러를 줄이는 지혜

나카타 도오루 지음 | 정기효, 이민자 옮김

인재No

사진제공
정진희, NASA, Wikimedia Commons(Barebibotra, Christopher Doyle, François de
Dijon, Zigomar)

머리말

이 책은 사고 방지의 기본적인 사고방식에 근거하여 사건·사고와 연구 사례를 탐구하고 휴먼에러(인적 과실) 방지 방법을 체득하는 것을 목표로 하고 있다. 내용은 일본의 중앙노동재해방지협회 발행 월간지 〈안전과 건강〉에 3년간 연재된 기사를 토대로 구성하였다.

이제 제조업 작업현장뿐만 아니라 일반 사무 분야에서도 안전의 필요성을 점점 심각하게 느끼고 있다. 이에 이 책은 업종을 불문한 다양한 현장과 상황에서 발생하는 휴먼에러의 대처에 도움을 주는 보편적인 내용을 다루었다. 또한 독자가 그저 읽고 흘려버리는 설명에 그치지 않도록 하기 위해, 연습문제를 풀고 실천적인 사고방식을 쉽게 몸에 익힐 수 있도록 하는 데 중점을 두었다.

휴먼에러 방지 대책을 수립하는 일을 게릴라전이라고 평가하는 사람도 있는데, 그만큼 휴먼에러는 발생 장소도 내용도 각양각색이다. 어떤 한 가지 에러를 방지하는 방법을 고안해내도 곧이어 또 다른 에러가 일어나기도 한다. 이것은 사고가 일어나고 대책을 세우는 악순환의 연속이라고 할 수 있다. 과연 게릴라전이라고 일컫는 이런 상황에 종지부를 찍고, 모든 휴먼에러의 대응에 효과를 발휘할 수 있는 대책은 없는 것일까?

필자는 있다고 생각한다. 같은 업종이라도 다른 회사에 비해 사고율이 낮은 기업이 있으며, 국가 간에 비교를 해보아도 선진국은 다른 나라들보다 사고율이 많이 떨어진다. 이 같은 사실에서도 알 수 있듯이, 뛰어난 조직은 개별적인 휴먼에러 대책의 수준을 뛰어넘는 보편적인 방법론을 어느 정도 갖추고 있다.

그런데 '어느 정도'라는 단서를 다는 것은, 아무리 훌륭한 조직이라도 휴먼에러를 아예 없애는 대책을 세우기는 여전히 어렵기 때문이다. 오히려 유능한 조직에 휴먼에러가 더 많다고 할 수 있는데, 그것은 조직이 뛰어나면 뛰어날수록 어려운 일을 담당하고 있기 때문이다. 그러므로 휴먼에러 발생률 '제로'를 목표하기보다는 휴먼에러가 커다란 사고로 이어지는 일을 막는 대책을 강구하고 '무너지지 않는 조직'을 목표하는 것이 실효가 있다. 이 책은 이에 대해서도 자세히 언급하고 있다.

물론 휴먼에러를 줄이기 위한 노력은 필요하다. 그러나 '휴먼에러는 완전히 없앨 수 있고, 그렇게 하는 것이 좋다'는 일방적인 방향으로 너무 치우쳐 생각해선 안 된다. '비록 휴먼에러를 100퍼센트 원천 봉쇄할 수는 없어도 최대한 사전에 방지할 수 있도록 해야 한다. 그리고 휴먼에러가 일어나더라도 최선의 대응을 할 수 있도록 준비해야 한다.' 우리는 휴먼에러 감소를 위해 노력하는 동시에 이렇게 한 수 앞을 내다보는 태도를 갖춰야 하는 것이다. 비단 휴먼에러뿐 아니라 안전에 관한 문제들은 전반적으로 이러한 다각적인 사고방식을 요구하고 있는데, 이 책을 통하여 다소나마 그 핵심이 전해지길 바란다.

목차

제1장 휴먼에러의 파악 방법과 대책 세우기

휴먼에러의
파악 방법과 대책 세우기

인간의 뇌는 매우 복잡 미묘하게 작용하고 있다.
그런 까닭에 인간이 실수를 하는 현상을 설명하고 그것을
예견할 수 있는 쉽고 편리한 이론은 아직까지도 나와있지 않다.
그리고 휴먼에러의 형태도 각양각색이므로 하나의 통일된
이론으로 모든 실수를 설명하는 것은 좀처럼 쉬운 일이 아니다.
그러나 필자는 관점을 바꾸면 휴먼에러를 좀 더 통합적으로 다룰 수
있을 것이라 생각한다. 휴먼에러는 크든 작든 분명 작업자가
일을 하는 중에 발생하고 있다. 그러므로 어떻게 하면 그것이
대형 사고로 이어지지 않는 구조를 만들 수 있는지
연구하여 이론화할 수 있으리라 믿는다.

1. 안전 최대의 적, 휴먼에러

(1) 휴먼에러가 사고의 최대 원인일까?

산업계의 사고나 노동 재해 등에 관한 여러 가지 통계자료에 의하면, 업종이나 국가를 불문하고 사고 원인의 60~80퍼센트가 휴먼에러에서 비롯되었다고 한다. 결국 대부분의 사고는 사람이 작업 물품을 부주의하게 취급하거나, 성급한 판단을 내리거나, 규칙과 절차를 순간적으로 잊는 등의 실수를 해서 일어난 것이다.

이러한 상황을 '그냥 그럴 수도 있는 일'이라며 그대로 받아들이고만 있으면 되는 것일까? 사고가 일어나면 보통 진상에 대한 자세한 분석이 행해지기보다는 과실을 범한 사람에게 책임을 묻는 일만이 이어진다. 인간이 똑바로 정신을 차리고 일하면 어떤 사고도 막을 수 있다는 생각이 완전히 틀린 것은 아니다. 하지만 사고의 진정한 원인이 조작이 어려운 기계나 촉박한 일정 등임에도 불구하고, 사고 보고서를 쓰는 사람은 사고의 근원적인 원인과 배경 요인은 조사하지 않고 사고가 작업자의 잘못이라고 단정 짓는 일이 많다.

결과적으로, 사고가 일어나도 제대로 된 원인 파악은 되지 않고 직접 사고를 유발한 작업자만 질책이나 처벌을 받고 끝나는 것이다. 물론 실수를 하는 것은 바람직한 일이 아니다. 그렇지만 사고가 일어날 때마다 책임 추궁만 한다면 사고의 원인을 제대로 파악할

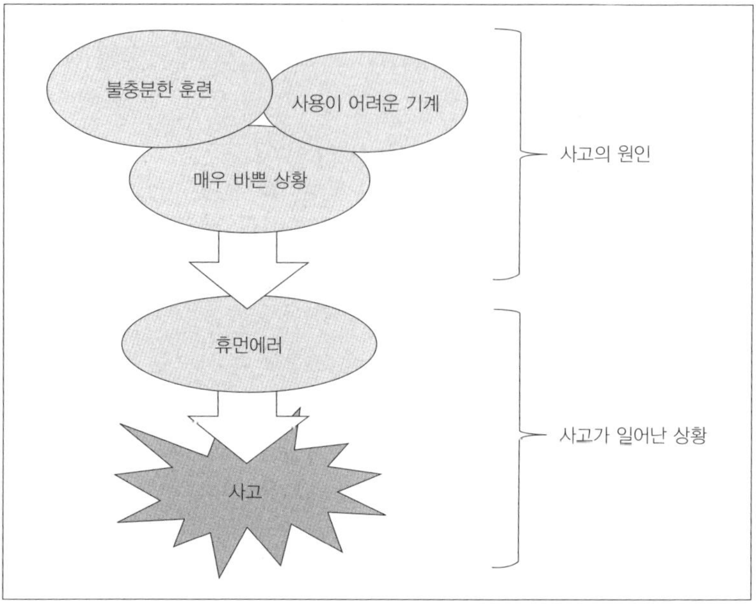
불충분한 훈련
사용이 어려운 기계
매우 바쁜 상황
사고의 원인
휴먼에러
사고
사고가 일어난 상황

〈도형 1-1〉 사고의 현상으로서 나타나는 휴먼에러

수 없다. 그러므로 휴먼에러는 가장 큰 사고 원인이 아니라 가장 흔하게 드러나는 사고의 양상이라고 생각하는 편이 훨씬 적절할 것이다〈도형 1-1〉.

(2) 휴먼에러에 의한 사고가 큰 피해를 남기다

휴먼에러에 의한 사고는 종종 엄청난 피해로 이어진다.

2005년, 일본의 어느 증권회사는 주식을 대량으로 오발주하는 바람에 한순간에 3,600억 엔을 날리게 되었다. 그리고 이 금액 가운데 수백억 엔은 끝내 회수하지 못했다. 폭발과 같은 물리적인 사고도 물론 그 나름대로의 규모에 따라 엄청난 피해를 끼칠 수 있다. 하지만 폭발력의 범위에는 한계가 있기 때문에 폭발 사고가 한순간에 수천억 엔 규모의 피해를 남기는 일은 거의 일어나지 않는다.

그 증권회사에서는 도대체 무슨 일이 있었던 것일까? 사고는 주식상장이라고 하는 특수한 상황에서 발생했다. 상장주의 시가 산정은 중대한 일이고 증권회사가 실력을 발휘할 기회이기도 하다. 회사 관계자들은 논의 끝에 먼저 주가를 61만 엔으로 정해 1주만 판매해보기로 하였다. 그런데 매도 주문 지시를 내렸을 때 컴퓨터가 입력을 다시 확인하라는 경고 메시지를 띄웠다. 하지만 담당자는 그런 경고는 자주 있는 일이라며 무시하고 실행 명령키를 눌렀다. 그러자 취소할 틈도 없이 순식간에 단가 1엔에 61만 주가 팔려나가게 된 것이다.

이 실수로 61만 엔의 가치가 있는 주식이 거저나 다름없는 1엔이라는 가격에, 그것도 61만 주나 팔리고 말았다. 손해액은 61만 엔을 제곱한 값인 약 3,600억 엔이나 되었다. 한두 단위의 금액 착오는 종종 일어날 수 있는 일이고 피해도 한정적이지만, 제곱 단위의 착오는 이렇게 엄청난 피해를 남기는 대참사를 불러일으키는 것이다.

사고는 매매 시 사용하는 컴퓨터 프로그램이 주식 수와 주가를 혼동하기 쉬운 형식으로 표시한 데서 비롯되었다. 전문가용 주식매매 시스템은, 예를 들어 1주를 61만 엔에 매매할 때 '1@610,000'

으로 나타내는 경우가 종종 있다. 그런데 이러한 형식은 전후를 착각하는 실수를 유발하기 쉽다.

10년 전까지만 해도 주가는 전부 수백에서 수천 엔 정도의 범위를 벗어나지 않았다. 그때에는 숫자의 단위를 보는 것만으로도 그것이 주가인지 주식 수인지 구별할 수 있었다. 하지만 지금은 상황이 달라졌는데도 과거의 시스템을 계속해서 사용하고, 더구나 착각하기 쉬운 복잡한 표기를 방치해왔던 것이다.

이러한 금융 시스템의 오발주 사고는 컴퓨터를 이용하기 시작한 이후부터 지금까지 산발적으로 계속되고 있다. 최근에만 해도 2009년 3월에 도쿄증권거래소에서 전환사채 거래를 하는 가운데 3조 엔 규모의 오발주 사고가 발생한 적이 있다. 거래소가 특례로 발주를 취소하여 별일 없이 마무리되긴 했지만, 이런 금융 사고는 매우 곤혹스러운 일이었다. 또 2010년 5월 6일, 뉴욕주식시장에서 주가가 폭락했는데, 그 이유가 오발주 사고 때문이었다고 한다.

이렇게 금융권에서 휴먼에러 때문에 사고가 일어나는 것은 결코 특수한 일이 아니다. 금융회사의 감사에서는 그 회사의 업무 체제가 휴먼에러를 얼마나 방지할 수 있는지가 커다란 논점이 된다. 그러므로 금융감독원은 각 금융기관에 업무상의 실수 건수를 보고하도록 하여 개선책을 강구하고 있다. 또한 회계사가 금융 프로그램을 분석하여 오류 방지를 지도하고 있기도 하다.

(3) 편리해지면 사고가 잦아진다

노자는 "도구가 편리해질수록 사회는 점점 혼란스러워진다"라고 했는데, 그 말이 옳은듯하다. 휴먼에러에 의한 사고가 점차 대형화되는 것도 '버튼 하나만 누르면 무엇이든 할 수 있는 편리한 세상'이 되었기 때문이다.

제2차 세계대전 중에 새로운 기술이 대량으로 개발되어 세상에 소개되었는데, 신기술을 이용한 기기·기계는 대부분 잦은 사고를 일으켰다. 그 당시 재료공학이나 신뢰성공학은 한창 미숙했기 때문에 고장이 잦았던 것이다. 또한 제트기의 초음속 비행 등 인류가 지금까지 경험한 적 없는 분야에서는 알지 못하는 현상에 의해 생각지도 못한 사고가 발생했다. 이러한 사고에 대한 연구는 1970년대 초반에 이르러서야 어느 정도 성과를 보게 되었다.

이렇게 새로운 사고들을 해결하게 되어 다행이라는 생각을 할 수도 있지만, 뜻밖에도 최악의 사고는 그 이후에 발생하였다. 1977년, 항공 분야에서 사상 최악의 희생자를 낸 테네리페 참사가 일어난 것이다. 스페인령 카나리아 제도의 테네리페 섬 공항 활주로에서 두 대의 항공기가 충돌하여, 583명이나 되는 승객이 목숨을 잃은 사고였다. 또 1985년에는 일본 항공기 JAL 123편이 군마 현 다카마가하라 산에 추락해 두 번째로 악명 높은 항공 사고를 기록했다. 테네리페 참사는 기장, 부기장과 관제사 사이의 의사소통 문제에서

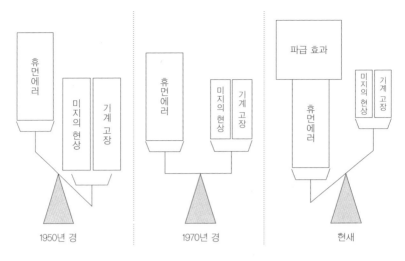

〈도형 1-2〉 확대되는 휴먼에러의 영향

비롯된 이륙 허가 오인이 주요 원인이었고, JAL 123편 사고는 보수 공사 중 작업 지시를 준수하지 않은 단순한 실수가 원인이 되었다.

피해 규모가 큰 악명 높은 사고는 마치 기술의 진보에 역행이라도 하듯 오히려 최근 들어 매우 단순한 휴먼에러에 의해 발생하고 있다. 기술이 발전하여 한꺼번에 500명이 넘는 인원을 수용할 수 있는 여객기가 등장하는 등 기계·교통기관이 대형화되면서 휴먼에러에 의한 사고의 피해 규모 또한 확대된 것이다〈도형 1-2〉.

(4) 중요한 시스템일수록 휴먼에러에 취약하다

오늘날 흑백 TV를 판매하고 있는 곳은 별로 없다. 그러나 중요한 시스템을 구동하는 컴퓨터는 오히려 흑백화면인 경우가 많다. 예를 들면, 연금 시스템을 조작하는 화면은 흑백이다. 업무의 전산화가 가장 먼저 이루어진 분야는 연금·금융 시스템, 대형 공장의 인프라 시스템 등이다. 수십 년 전, 당시의 최신예 시스템을 거금을 들여 도입한 것이다.

그러나 일단 한번 도입한 시스템은 신형으로 교체하기가 쉽지 않다. 그런 일에는 막대한 비용이 들기 때문이다. 노후화되는 시스템을 부분적으로 보수해가며 사용할 수는 있지만, 그로 인하여 새로운 버그(Bug: 컴퓨터 프로그램이나 시스템의 오류·결함)가 생기지 않는지 검증해야 한다. 그런데 이것도 쉬운 일이 아니다.

시대에 뒤떨어져서 사용하기 어려운 컴퓨터를 계속 사용해야 하는 이런 '레거시 시스템(Legacy System: 낡은 기술이나 방법론) 문제'는 현재 휴먼에러 사고를 유발할 수 있는 잠재적 원인이 되고 있다. 사실 중요한 시스템일수록 더욱 위험하다. 당시의 '최신' 기기를 가장 빨리 도입한 탓에 지금은 그 시스템이 다른 분야의 시스템보다 더 많이 노후화되었을 확률이 높기 때문이다.

이렇게 기술 발전과 경제성 논리가 교차하며 역행하는 결과가 인간에게 영향을 주고 있다. 원래 정석대로 하자면 오래된 시스템은 적절한 시기에 거액의 비용 지출을 감수하고 새로운 것으로 교체해야 한다. 하지만 사용에 어려운 점이 있더라도 우선 작업자가 확실하게 조작하기만 하면 별일 없다며 교체를 미루기 일쑤다. 그러다가 사고가 일어나면 으레 작업자에게만 책임을 떠넘기곤 하는 것이다. 하지만 이런 휴먼에러는 한 개인의 잘못이라기보다는 시스템 노후화의 묵과로 차곡차곡 쌓여있던 청구서가 한꺼번에 날아든 것과 같다고 볼 수 있다.

2. 사전 방지 대책 수립 시의 주지 사항

(1) 원인 규명은 큰 의미가 없다

사고를 낸 회사는 원인 규명을 철저하게 하여 재발 방지에 힘쓰겠다는 상투적인 이야기를 자주 한다. 그러나 휴먼에러에 의한 사고의 원인을 규명하는 일이 진정 의미가 있을까? 사실 인간이 순간적 망각이나 착각으로 실수를 하는 현상에 명확한 원인이나 메커니즘이 존재하는지도 잘 알 수 없다.

바둑이나 장기의 세계에서도 뛰어난 명인이 극히 단순하거나 엉뚱한 실수 때문에 패하는 경우가 종종 있다. 그래서 일본 장기연맹이 발행하는 월간지 〈장기 세계〉 매년 6월호에는 연례와도 같이 전해에 프로기사들이 저지른 엉뚱한 실수가 소개되고 있을 정도이다. 신출내기조차 하지 않는 엉뚱한 실수를 프로기사들이 무심코 저질러 패하는 이야기는 실소를 자아내기도 한다.

하지만 아무리 뛰어난 프로기사라도 휴먼에러를 일으킨다는 것은 틀림없는 사실이고, 이에 생각이 미치면 두려운 마음마저 든다. 결국, 실수를 범하는 인간 두뇌의 메커니즘을 과학이 해명하는 일은 거의 불가능에 가깝기 때문이다. 그래서 작업자가 깜빡하는 순간에 저지른 실수가 사고의 원인이 되었다고 말하기는 쉽지만, 왜 그가 깜빡했는지 명확히 밝힐 수는 없는 것이다.

(2) 원인 규명보다 방어체제 평가가 필요하다

그렇다면 발상을 전환해보자. "왜 깜빡하는 실수를 저질렀는가?" 와 같이 대답할 수 없는 문제는 제쳐두고, "왜 실수가 일어나는 동안 그것을 못보고 지나쳤는가?"라고 물어야 한다. 이렇게 실수를 제어하는 체제에 관련된 질문을 하면 사고의 분석이 쉬워진다.

휴먼에러에 의한 사고를 일으키지 않으려면 다음의 세 가지 능력을 갖추어야 한다〈표 2-1〉.

사고 방지 능력	의미	우선도
이상 감지 능력	이상을 알아차리는 능력	제1위
이상 근원 추적 능력	이상의 발단과 범위를 특정할 수 있는 능력	제2위
확실한 실행력	실수하지 않고 작업을 능숙하게 할 수 있는 능력	제3위

〈표 2-1〉 사고를 막는 세 가지 능력

① 이상을 감지하는 능력

이상(異狀)을 감지하는 능력은 눈앞의 상황에서 이상이 있는 곳을 간파하는 능력이다.

2008년, 일본에서 농약이 주입된 중국산 냉동 만두 때문에 10명의 소비자가 피해를 입는 사건이 있었다. 만두 제조공장에는 음식물의 독극물 함유 여부를 검사하는 체제가 전혀 없었고, 그래서 농약이 든 만두는 많은 종업원의 눈과 손을 그대로 통과하여 시중에 팔려나가 사고를 일으켰다. 만약 누군가가 한 번이라도 독극물 검사를 해보았다면 소비자가 농약 중독의 피해를 당하는 지경에 이르지는 않았을 것이다.

이렇게 작업자가 이상을 감지하는 능력이 부족하면 사고가 일어나므로, 이상 감지 능력은 매우 중요하다고 할 수 있다. 따라서 사고를 사전에 방지하고 싶다면 무엇보다 먼저 이 능력을 강화해야 한다. 사고가 일어나는 조직의 구성원들은 사고로 이어지는 이상을 조속히 알아차리지 못하는 결함을 갖고 있을 것이다.

② 이상 근원 추적 능력

이것은 작업 절차 가운데 이상이 있는 지점과 그 이상의 영향을 받은 구간을 특정할 수 있는 능력이다. 영어로는 '트레이서빌러티 (Traceability)'라고 한다.

농약 만두 사건의 관계자들은 이상 근원을 추적하는 능력이 전혀 없었다고 할 수 있다. 제조번호에 따른 관리가 이루어지지 않아 언제 어디서 누가 독을 넣었는지 좀처럼 알 수 없었고, 사고 원인을 파악할 수 없어 제대로 된 대책도 취할 수 없었다. 결국 만두 제조공장은 농약이 들어있을 가능성이 있는 제품의 범위를 특정할 수 없어 모든 상품을 회수해야 했고, 나중에는 장기휴업 상태로 내몰리게 되었다.

이렇게 이상의 발단과 범위를 파악하는 능력이 부족하면 사고를 복구하는 데 비용이 많이 든다. 그러므로 이상 근원 추적 능력은 이상 감지 능력에 이어 꼭 갖추어야 하는 능력이다.

③ 확실한 실행력

확실한 실행력은 자신이 담당하고 있는 작업을 실수나 무리 없이 처리할 수 있는 능력이다.

얼핏 보면 이 능력이야말로 실수에 의한 사고를 방지하는 원동력이 아닌가 싶지만, 앞선 두 가지 능력에 비해 효과가 약하다. 물론 확실한 실행력을 갖춘 작업자는 쉽게 실수를 하지는 않는다. 그리고 과거의 직업인들처럼 작업을 혼자 하는 경우가 많다면 이 능력으로 재해를 막을 수도 있을 것이다. 또한 다수가 함께 일을 해도 작업자 전원이 실수하지 않으면 사고의 우려는 없어진다. 그러나 이런 가정은 현대에는 통용되기 어렵다. 만두 제조와 유통에 있어 확실한 실행력은 만두를 빠르게 싸는 능력과 판매처로 정확하게 배송하는 능력이지만, 이러한 능력을 키운다고 해도 독극물 주입과 같은 사고를 막을 수는 없기 때문이다.

현대의 작업은 분업을 전제로 하고 있다. 그리고 자신이 잘못을 하지 않더라도, 앞선 공정에서 미완성품이 전달돼오거나 외부에서 구입한 부품이나 재료에 이상이 있을 수도 있다. 그런데 이상을 감지하는 능력은 없고 실행력만 있다면, 이를 알아보지 못하고 자기 공정을 수행하여 그런 '오류를 가진 것'을 가공하게 된다. 이러한 일은 사고 발생의 확률만 높일 뿐이다.

그러므로 사고 방지의 관점에서 보았을 때 확실한 실행력은 일반적인 생각만큼 중요하지 않다. 실수가 적은 사람이나 작업이 빠른 사람을 우수작업자로 표창하는 것도 좋지만, 이론적으로는 이상을 감지하는 능력이 뛰어난 사람을 표창해야 하는 것이다.

(3) 이상 감지 능력이 약한 사람은 누구일까?

신입사원은 실수를 저지르기 쉽다고 한다. 확실히 초보운전자가 운전하는 자동차는 조작이 서툴러 긴장감이 많이 감돈다. 초보자는 교차로에서 눈여겨보아야 할 점이나 중요한 표지를 잘 보지 못하고, 그래서 판단하는 속도가 늦다. 즉 이상을 감지하는 능력이 부족한 것이다.

그러나 초보자만 사고를 낼 위험이 높은 것일까? 다음의 문장을 읽어보자. '여러분 안녕십하니까?' 많은 사람들이 얼핏 '여러분 안녕하십니까?'로 읽었을 것이다. 하지만 자세히 보면 두 번째 단어 안 글자의 순서가 바뀌어있다. 사람은 문장을 통째로 읽기 때문에 글자 배열이 조금 다른 것은 잘 알아차리지 못한다. 오히려 처음 글을 배우기 시작한 사람이라면 문자 하나하나를 읽기 때문에 이러한 오류를 잘 짚어낼 수 있을 것이다.

언어가 익숙해지면 사소한 오류에 얽매이지 않고 문장의 뜻을 알 수 있는 편리한 능력이 생긴다. 그러나 다른 한편으로는 오류를 잘 알아차리지 못할 가능성이 커지는 결함을 갖게 된다. 그런데 이런 장단점은 작업의 숙련도가 높아질 때에도 생긴다. 작업에 숙달해 노련한 사람들이 작은 이변을 잘 보지 못하고, 오히려 신입사원이 선입견이 없어 이상을 잘 감지하는 경우도 있다. 이것이 바로 초심을 잃지 말라고 하는 이유인 것이다.

(4) 직원의 숙련도를 최상급으로 육성하라

필자는 건설업 종사자와 금융업 사무원을 대상으로 실수 방지 연구와 관련한 의식 조사를 실시한 적이 있다. 그런데 대상자의 업종은 상이했지만 놀라울 정도로 비슷한 결과가 나왔다. 조사의 답변을 그룹별로 살펴보면, 우선 신입사원들은 일을 잘 모르기 때문에 작업을 할 때 주의를 기울인다는 대답이 많았다. 하지만 무엇에 주의해야 하는지 잘 모르고 있기도 했다.

숙련도가 중간 정도인 사람들은 대부분 일이 익숙해져 그다지 긴장하지 않고 일한다고 대답했다. 정식 검사 절차는 시간이 많이 소요되기 때문에 자기 나름의 방식으로 작업 점검을 하고 있었고, 적절하지 않은 사항을 점검 포인트로 삼고 있는 경우도 있었다. 결론적으로, 사고를 일으키기 가장 쉬운 사람들은 이 그룹이다.

최상급 숙련자들은 일의 어려움을 알기 때문에 점검을 신중하게 한다는 답변이 많았다. 점검 포인트 선정에도 다른 그룹과 달리 재치가 있고 특이한 점이 있었다. 정식 검사 절차 준수만으로는 발견할 수 없는 이상이 있음을 알고 있어서, 정성을 들여 점검을 하며 이상을 찾아내려 하고 있었던 것이다.

신입사원은 일정 기간 동안 일을 하면 자연히 중급자 그룹에 속하게 된다. 그러나 경험을 계속 쌓는다고 최상급 집단에도 저절로 속할 수 있는 것이 아니다. 동료나 자기 자신이 커다란 사고를 일으키거나, 사고를 일으키는 계기가 되는 경험을 거치지 않으면 일에 대한 신중함을 기를 수 없기 때문이다. 또 최상급 집단으로 가는 데에는 부서나 담당 구역의 변경과 같은 경험도 도움이 된다. 이런 이동이 그때까지 담당 구역에서 익힌 자신만의 방식이나 습관을 바꿀 수 있는 기회가 되기 때문이다.

이 정도의 경험을 가진 사람이면 큰 부상이나 '아차 사고(사고로 이어지지는 않았으나 사고 일보 직전의 사례를 발견하는 것)'를 경험하지 않아도 최상급 숙련자로 육성할 수 있다. 그러므로 인재가 넓은 시야와 경험을 갖도록 담당 부서 이동을 활용하는 것이 사고 방지의 비결이라고 할 수 있다.

3. 실수를 방지하는 시각적 효과

(1) 출현 특징을 활용하라

앞서 말했듯이, 사고 방지에 가장 중요한 것은 이상 감지 능력인데, 연구에 따르면 이 능력은 상황에 따라 크게 달라진다.

도형 3-1을 보면, 세 번째 버튼만 좌우의 색깔이 다른 버튼과 반대인 것을 알 수 있다. 이것은 마치 튀어나온 것처럼 눈에 띄어서, 출현 특징(Emergent Feature: 이머전트 피쳐)이라고 한다. 출현 특징은 매우 강하게 눈에 들어오므로 이상을 감지하는 작업에 꼭 사용하기 바란다.

한편, 도형 3-2는 중앙의 버튼만 상하의 색깔이 다르다. 하지만 이깃은 자칫하면 눈에 띄지 않고 간과되기 쉽다. 만약 기계의 조작

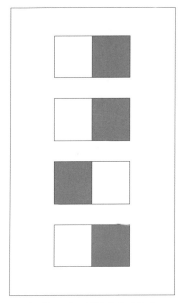

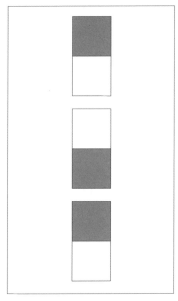

〈도형 3-1〉 방향의 상이성이
눈에 띄는 예

〈도형 3-2〉 방향의 상이성이
눈에 잘 띄지 않는 예

패널 배치가 이렇게 되어있다면 출현 특징이 전혀 드러나지 않아
작동 상태를 잘못 보거나 보지 못하는 휴먼에러가 빈발할 것이다.
눈으로 봄으로써 확인하는 작업의 신뢰성은 출현 특징을 제대로 활
용할 수 있는지의 여부에 달려있다.

출현 특징의 효용은 눈으로 보는 대상물과 그 주변과의 차이로
결정된다. 그러므로 물체를 확실하게 보기 위해서는 배경을 조정해
야 한다. 예를 들어, 도우부 철도는 역의 플랫폼 끝에 배경을 그린
간판을 세워 차장이 승객의 유무를 쉽게 확인할 수 있도록 했다〈사
진 3-1〉.

〈사진 3-1〉 승객 유무의 확인을 위해 출현 특징을
이용한 플랫폼(도우부 철도 니시아라이 역)

(2) 출현 특징은 정리된 상태에서 나타난다

안전의 기본은 작업의 정리 상태, 즉 일이 바르게 처리된 상태를 규정하고 그것이 흐트러지면 바로 정리 상태로 복귀하는 데 있다.

정리 상태는 출현 특징을 드러내는 데 적절한 것이어야 한다. 어느 방송국에서는 기자재 사용 후 그것을 반드시 초기 설정으로 되돌려놓아야 한다는 규칙이 있었다. 그러나 직원들은 자주 이런 규칙을 잊거나 잘못된 설정을 해놓곤 했다. 이 말만을 들으면, 마치 작업자의 정신이 산만한 것 같지만 사실은 이와 다르다.

문제의 원인은 초기 설정이 도형 3-3과 같이 복잡한 데 있었다.

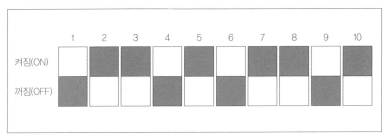

〈도형 3-3〉 혼동하기 쉬운 배치

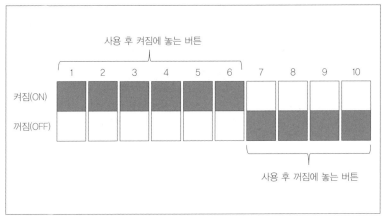

〈도형 3-4〉 정리하기 쉬운 배치

이렇게 복잡한 버튼 설정을 제대로 되돌리는 일은 쉽지가 않다. 이상적인 상태는 켜짐(ON)과 꺼짐(OFF)을 위아래 중 한곳에 모아 배치하는 것이다. 그렇게 해놓으면 재설정이 간단해지고 잘못도 쉽게 알아차릴 수 있다. 또 조작패널에 사용 후 설정 지시를 써두고, 각 버튼에 일정한 색으로 해당 초기 설정을 표시해놓으면 한층 더 작업이 확실해진다〈도형 3-4〉.

(3) 제대로 된 표를 사용해야 한다

검사를 누락하는 휴먼에러도 흔히 일어난다. 이를 방지하기 위해 점검표를 사용하는데, 이때 점검을 되풀이해도 누락이 나오는 경우에는 점검표의 배치에 문제가 없는지 의심해봐야 할 것이다.

워드 프로그램 등으로 점검표를 작성하면 도형 3-5와 같이 오른쪽 끝이 고르지 않은 엉성한 배치가 나오기 쉽다. 이러한 경우에는 최상단에 확인자의 도장 날인 여부를 한눈에 알기 어렵다.

출현 특징을 최대한 높일 수 있도록 개선한 것이 도형 3-6이다. 도장을 찍는 칸을 같은 열에 두어 날인이 없는 경우에는 출현 특징에 의해 눈에 잘 띄도록 한 것이다. 그리고 연구 결과를 반영하여 기입 영역 밖에는 색을 칠해두었다. 이렇게 하면 미기입란이 눈에 잘 띄기 때문에 기입이 누락되었는지 쉽게 점검할 수 있다.

흔히 표에서는 숫자 데이터를 다루지만 이 경우에도 배치 설계에 신중함을 기해야 한다. 도형 3-7과 같이 칸을 수평으로 배치하면 수치를 계산하기 어렵다. 따라서 숫자용 칸은 좌우의 위치를 숫자와 항목별로 설정해야 한다〈도형 3-8〉. 이는 언급할 필요도 없을 듯하지만, 워드 프로그램으로 표를 만들면 숫자용 칸을 가로로 그리기 쉽기 때문에 주의가 필요한 것이다.

압력 수치 3 기압	담당자 (홍길동)	확인인		
가열 시각 9시 30분 ~ 10시 20분			담당자 (홍길동)	확인인 (김철수)
□긴급 정지(사유 :)		실시자	승인인	

〈도형 3-5〉 정보 간과의 실수를 유발할 수 있는 배치

압력 수치	3 기압	담당자 (홍길동)	확인인 (김철수)
가열 시각	9시 30분 ~ 10시 20분	담당자 (홍길동)	확인인 (김철수)
□긴급 정지(사유 :)		실시자	승인인

〈도형 3-6〉 출현 특징을 고려한 배치

A	B	C	합계
132	438	101	?

〈도형 3-7〉 계산 실수를 유발할 수 있는 배치

A	132
B	438
C	101
합계	?

〈도형 3-8〉 숫자와 항목을 좌우로 맞춘 배치

(4) 표형 매뉴얼이 사용하기 쉽다

표는 인간의 사고방식에 따른 정리 형식으로 매우 적합하다. 따라서 순서의 지시나 매뉴얼은 표로 작성하여 사용하는 것이 좋다.

순서가 상황에 따라 변화하는 작업의 지시에는 원래 순서도 (Flowchart: 플로우차트)를 자주 이용해왔다. 그런데 1970년대가 되자, 순서도의 창시자인 컴퓨터 과학자들이 순서도가 휴먼에러의 원인이 된다는 것을 깨달았다. 일에는 구조가 있고, 그에 대한 인식이 휴먼에러를 방지한다. 그러나 순서도는 구조를 가리기 때문에 작업 과정을 표현하는 데 적당하지 않은 것이다. 구조를 가장 적절하게 표현하는 것은 표이다.

예를 들어, 어떤 판정 작업을 순서도〈도형 3-9〉와 조견표〈도형 3-10〉로 각각 표현해보자. 같은 순서를 그리고 있음에도 시각적 이해의 용이성 측면에서 상당한 차이가 있다. 표는 위에서 아래로

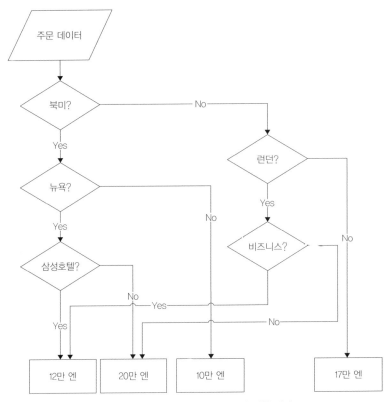

〈도형 3-9〉 판정 작업의 순서도에 의한 지시

대 륙	미주			유럽		
도 시	뉴욕		시카고	런던		파리
조 건	삼성호텔	오성호텔	–	비즈니스	관광	관광
요 금	12만	20만	10만	12만	20만	17만

〈도형 3-10〉 판정 작업의 조견표

한눈에 시점을 움직이면 일목요연하게 결과를 알 수 있다. 이야말로 우선 방향을 고르고 다음으로 도시를, 마지막으로 조건을 선택하는 일의 구조에 부합한다. 표의 층을 통해 단계까지 파악하고 있으면 순서를 착각하는 일은 거의 없다.

그러나 순서도에는 층 구조가 없다. 그래서 작업자가 전체를 아우르는 시각을 가지고 순서를 관리할 수 없고 다음 순서를 한눈에 파악할 수도 없다. 이런 점 때문에 어떻게 해야 할지 몰라 허둥대거나 순서를 뛰어넘거나 하는 실수를 하게 된다. 또한 순서도는 화살표를 더듬어나갈 때 잘못된 답으로 가기 쉽다.

아르바이트 종업원이 많은 외식산업에서는 미경험자도 바로 이해하기 쉬운 매뉴얼이나 요리법이 필요한데, 이는 표로 만들어지는 경우가 많다.

한편, 기존 매뉴얼의 표현 형식을 표로 바꿔보면 불필요한 작업단계나 오류가 부각되기도 한다. 기존 매뉴얼이 개업 · 개점 당시에는 합리적인 작업 순서였어도 시간이 흐르면서 일의 층 구조를 왜곡하게 되는 경우가 있기 때문이다. 그러므로 작업 효율성 증진이나 에러 감소를 추구한다면 매뉴얼을 표로 바꾸어야 한다.

4. 망각의 실수를 방지하는 작업의 일원화

(1) 일하다가 깜빡하는 실수는 왜 일어날까?

일하는 중에 수행 사항을 잊는 실수는 가장 전형적인 휴먼에러다. 일하는 도중에 중요한 순서를 깜빡 잊어서 사고에 이르게 된 사례는 일일이 셀 수 없을 정도로 많다.

그렇지만 이것은 절대로 잊지 말라는 훈계만으로 방지할 수 있는 간단한 문제가 아니다. 인간은 확률적으로 망각의 실수를 일으키기 쉬운 존재이기 때문이다.

이런 실수를 방지하기 위해서는 인간 외적인 요소에 중점을 둔 대책을 내놓아야 한다. 우선, 일의 구조에서 순간적 망각이라는 실수의 원인이 되는 것들을 찾아보도록 하겠다.

(2) 완성품 제조 과정에서 대기합류를 없애라

결론부터 말하자면, 일의 구조에 내재한 대기와 합류의 공정은 모든 문제의 근원이다. 이것은 소프트웨어 업계에서 사용하는 업무 절차 분석에서 나온 결과이기도 하다.

작업을 하다 보면 종종 분담을 하거나 합류를 한다. 작업을 몇 개의 부분으로 나누고 각 파트에서 진행한 결과를 결합하는 것이다. 예를 들어, 비탈길에서 자동차를 주차하는 작업을 생각해보자. 이 작업을 완료하는 데는 핸드브레이크 걸기와 키 뽑기라는 두 가지 공정이 필요하다. 이 구조를 그림으로 나타내면 도형 4-1과 같이 갈라져서 진행된 공정이 마지막에 하나로 합류한다. 이렇게 각 파트에서 따로 처리를 진행하고 최종적으로 합류하는 것을 완성품을 위한 대기합류 구조라고 한다.

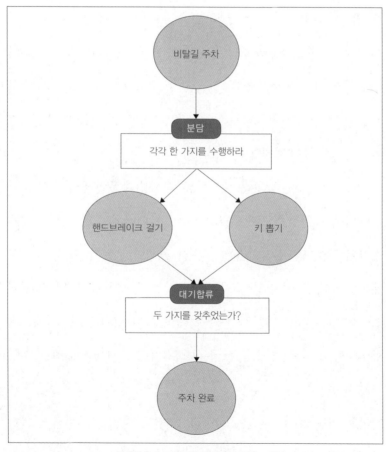

⟨도형 4-1⟩ 대기합류 공정이 있는 작업

일반적으로 분담은 작업을 나누어 진행하기 때문에 편리하고 효율적이라고 생각한다. 그러나 이는 잘못된 생각이다. 대기합류를 포함하는 작업 구조는 효율도 좋지 않고, 공정 중 망각의 실수를 범할 위험도 있다는 이중의 결함을 지니고 있다.

대기합류 구조에서는 일부 작업이 빨리 끝나도 다른 작업이 완성되기를 기다려야 한다. 즉, 시간을 낭비하면서 먼저 끝낸 부품의 보관 비용도 지불해야 하는 것이다. 더구나, 의사소통 문제로 일부 작업 파트가 일에 착수하지 않은 경우, 오랜 시간을 기다려도 전체 작업을 끝내지 못하는 사태가 일어날 수도 있다〈도형 4-2〉. 그러므로 모든 작업 파트가 완료되는 특정 시간을 미리 정하지 않는 한 대기합류는 낭비를 조장하게 된다.

작업 중 실수는 대부분 대기합류 과정상 제품이 완성되지 않은 상태임에도 완성품으로 통과되어버리는 패턴에서 일어난다. 대기합류가 작업 중 망각이라는 실수의 근원이 되는 것이다. 따라서 분기와 합류를 하지 않는 일원적인 작업 순서가 휴먼에러 방지에 효과적이다. 다시 비탈길 주차를 예로 들어 말하면, 우선 핸드브레이크를 건 다음 키를 뽑는 수순으로 작업을 진행해야 하는 것이다〈도형 4-3〉.

이는 얼핏 보면 수순을 선택하는 자유를 빼앗는 것처럼 느껴질 수 있지만, 오히려 늘 정형화된 순서가 기억하기에도 쉽고 선택도

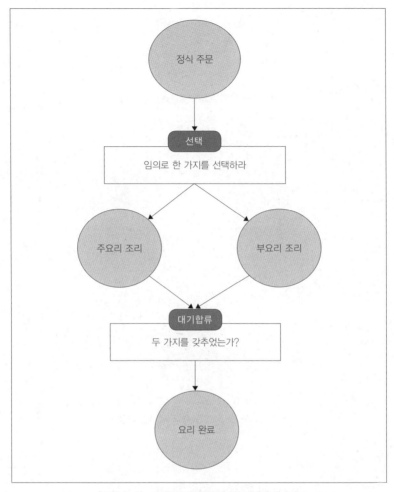

〈도형 4-2〉 영원히 완성되지 않는 작업의 수순

간단하다. 다도(茶道)의 관습이나 궁도의 사법팔절(활을 쏘는 여덟 가지 방법) 등은 작업 수순이 정해져 있어서 연습을 계속하면 저절로 순서를 몸에 익히게 된다. 마찬가지로, 일하는 도중에 잊어버리는 실수를 없애려면 수순을 일원화해야 한다.

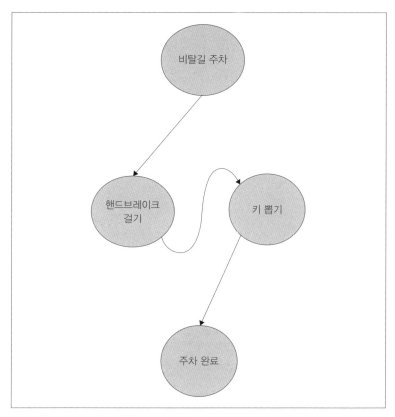

〈도형 4-3〉 대기합류를 제거한 작업

(3) 일원화와 구획화를 활용한다[1]

구획화(Zoning: 조닝)는 작업 관련 장소(Zone: 존)의 사용 방법을
규정하는 것이다. 이 과정에서는 작업 실시의 장소, 도구나 자료의
위치, 출입금지 구역, 집합 장소, 사람 · 물건 · 정보의 이동경로 등

---

1 참고문헌: Wil van der Aalst, Kees van Hee《Workflow Management》, MIT Press(2002)

을 정한다.

구획화는 작업 효율을 높이고 노동 재해를 막는 데 중요한 역할을 한다. 예를 들어, 마트료시카 인형(러시아의 대표적인 목각 인형)을 분해할 때에는 전후 위치를 정해 작업 순서대로 각각의 작업물이 서로 대응하도록 배치하는 것이 좋다〈사진 4-1〉. 이렇게 하면 작업 진행 정도가 일목요연하게 보이고 부품을 분실할 염려도 없다.

대부분의 사고는 구획화의 부재로 일어나는 경우가 많다. "무엇

〈사진 4-1〉 구획화된 분해 작업과 구획화되지 않는 분해 작업

이(누가) 어디에 있는가?" "작업이 어디까지 이루어졌는가?" "어떤 장소가 위험한가?"를 분명하게 정하지 않아서 사고가 일어나는 것이다. 사고 보고서에서는 자주 휴먼에러와 악천후 등이 사고 원인이라고 단정하지만, 그런 요인이 진짜 원인이라고는 볼 수는 없다. 정돈된 구획화가 이루어지지 않은 작업 환경에서는 외관적인 사고의 원인을 제거하더라도 사고가 다시 일어날 것이다.

구획화는 보건 측면에서도 좋은 수단이 된다. 오염 원인 물질의 침투를 엄중하게 감시하고 오염의 범위를 최소화하는 것이 보건의 기본이다. 보건 안전성을 위해서는 입구와 출구를 분리하고 경로를 일방통행으로 만들어야 한다. 또 작업 라인을 분리하고 교착을 피해 사람과 물건의 무질서한 이동이나 합류를 금지해야 한다〈도형 4-4〉.

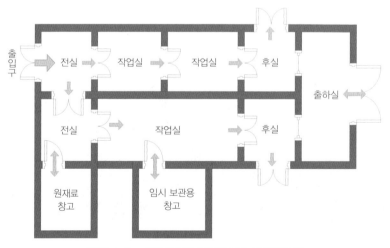

〈도형 4-4〉 위생 요건이 엄중한 공장 구획화의 예

작업의 구획화와 일원화는 표리일체의 관계이다. 순서마다 그 작업 장소를 정하고 경로가 일방통행이 되도록 하는 구획화는 곧 작업 수순의 일원화로 연결되기 때문이다. 따라서 구획화를 잘 설계하면 대기합류와 같은 작업 구조의 결함을 없앨 수 있다.

다도는 구획화의 결정체라고 할 수 있다. 원래 다도에는 위생학적 측면이 있기 때문에 이는 어쩌면 당연한 것이다. 차는 물을 끓여마시게 한다는 점에서 생활 위생상 큰 발전을 가져왔다. 다도에서는 확실하게 도구를 닦아 위생을 지키고 차와 다기를 일정 위치에놓아 구획화를 활용하는 모습을 보여준다.

5. 말로 인한 착각과 혼동을 방지하는 방법

(1) 혼동을 피하는 명칭을 사용하라

서로 유사한 이름은 자주 휴먼에러의 원인이 된다. 혼동하기 쉬운 이름이 취급상의 실수를 유발하는 요인이 되는 것이다.

이러한 명칭의 문제는 이름을 애초에 다르게 붙이면 해결할 수 있지만, 곤란하게도 이미 세상에는 비슷한 이름이 너무나 많다. 일본 북단의 '와카나이' 옆에는 '와카사쿠나이'라는 곳이 있고, 또 동북지방에는 '오시카 반도'와 '오가 반도'가 함께 있다. 도쿄 근처에 있는 '가메아리'와 '가메이도'도 혼동하기 쉬운 이름 중 하나다. 기업체의 예를 보아도, 어떤 은행은 신주쿠 지점 외에 신주쿠역 앞 지점이나 신주쿠니시구치 지점을 두고 있다. 장소가 가까우면 지명의 유래라는 특징도 공통되는 경우가 많기 때문에 비슷한 이름을 가지기 쉬운 것이다.

의약품의 유사 명칭은 취급상의 실수, 특히 조제 실수(특별조제)를 유발하기 때문에 매우 위험하다. 그리고 유감스럽게도 실제로 이런 사고가 종종 일어나고 있다. 이에 따라 당국에서는 조제지침에 혼동하기 쉬운 약품을 스무 개 정도 실어 주의를 호소하고 있다. 유사 명칭 의약품의 대표적인 예로는 아스페논(부정맥치료제)과 아스베린(진해제)을 들 수 있다. 의약품 이름은 라틴어에서 유래한 단어가 많은데, 소재가 그리 많지 않아서 종종 비슷한 경우가 있는 것이다.

(2) 오해를 부르는 표기가 실수를 부른다

의미를 알 수 없는 표기는 제대로 된 안내를 할 수 없다.

좌약(坐藥), 돈복(頓服), 친전(親展)이라는 단어는 고어이기 때문인지 이제 그 의미를 모르는 사람이 많다. 그러므로 이 단어들은 취급 설명서에 사용하기에는 부적절하다. 일반 대중을 위한 문서에는 한자어를 피하고 알기 쉬운 단어를 사용해야 한다. 어린이도 읽을 수 있도록 해야 하고, 의미가 제대로 전달되는지 오해를 사지는 않는지 신중하게 확인해야 한다.

일본의 어떤 철도 건널목은 몇 분간이나 닫힌 상태에서 전광판에 '고장(こしょう: 고쇼)'이라는 히라가나를 표기했다. 그 앞에서 기다리고 있던 사람들은 건널목에 문제가 생겨 폐쇄되었고, 그렇다면 기차도 오지 않을 것이라고 생각했다. 그리고 건널목을 건너다가 열차에 치였다. 이러한 사고는 2005년과 2006년에도 완전히 똑같은 패턴으로 연달아 일어났고, 결국 '고장'이라는 표기는 폐지되었다. 이 단어의 진정한 의미는 '차단(差し障り: 사시사와리)'이었고, 다른 곳에서 일어난 사고로 지연되었던 열차 운행을 원활히 하기 위해 건널목을 장시간 폐쇄한다는 뜻이었다. 하지만 의미가 불명확한 표기가 건널목의 장치가 고장 났다는 오해를 불러일으켰던 것이다.

(3) 지시가 정반대의 착각을 유발할 수도 있다

언어에는 얼핏 봤을 때와는 정반대의 뜻을 나타내는 단어가 있다.

한자에는 반훈(反訓: 본의와 반대로 뜻을 취하는 것)이라는 현상이 있다. 어지러울 '난(難)'은 현재는 '어수선하다'는 의미이지만 원래는 '바르게 하다'라는 의미도 있었다. 비슷한 자형인 '규(糾)'가 '바르게 하다'를 의미하는데, 이를 그 근거로 삼을 수 있을 것이다. '난(難)'은 '흐트러진 것을 바르게 한다'는 문맥적 의미로 반복해서 사용되다가

서서히 '어수선하다'는 의미로 변한 것으로 보인다. 반훈 현상은 그리 드물지 않아서, 영어에서도 '~와 함께'를 의미하는 'With(위드)'는 예전부터 반훈의 의미를 갖고 있었다. 그 흔적은 '~를 주지 않다'를 뜻하는 'Withhold(위드홀드)'에서 찾아볼 수 있다.

1978년, 미국의 스리마일 섬 원자력발전소 사고에서는 이러한 의미 때문에 일어난 역운전이 사고 유발 요인 중 하나가 되기도 했다. 이 발전소에는 여러 개의 밸브가 있고, 제어실의 계기판은 각 밸브의 개폐 상황을 빨간색과 녹색 램프로 표시하고 있었다. 밸브가 열리면 빨간색, 닫히면 녹색으로 나타냈는데, 이는 밸브가 열려 있으면 위험하기 때문이었다. 그러나 이 사고에서는 밸브가 닫힌 것이 문제였다. 경고색에 반훈 현상이 적용되기라도 한 듯 이 경우에는 녹색 램프가 위험한 상황이었던 것이다.

어떤 회사의 사무 관리 시스템은 한번 승인된 사항을 취소하려면 승인 모드를 선택하여 승인 버튼을 누르고, 최종 확인 화면이 나타나면 비로소 취소 버튼을 누르게 되어있다. 이렇게 반훈과 같은 지시를 하는 시스템은 휴먼에러를 유발하기 쉽지만, 이러한 시스템도 많이 있는 것이 사실이다.

아리스토텔레스는 인간이 실수를 하는 원인 중 하나로 상반되는 사물이 동일한 지식으로 수용되는 점을 들었다. 이런 지적에서도 알 수 있듯이 정반대의 사물들이 오히려 같은 문맥, 같은 장면, 같은 도구에 관계되는 경우가 많아 인간이 쉽게 착각을 하고 실수를 저지르는 것이다.

(4) 정확한 의미를 전달하는 언어 습관을 키워라[2]

이름에 대한 질문은 사물의 인식 방법에 대한 질문이기도 하다.

안전화와 안전모는 정말 발과 머리의 안전을 지켜줄 수 있는 것인가? 사실 그것들은 심한 부상, 화상 등에서만 발과 머리를 보호해준다. 따라서 그 착용은 특정 패턴의 사고를 방지하는 조치에 지나지 않으므로, '안전'이라는 단어를 너무 쉽게 생각해서는 안 된다.

소크라테스에 의하면, 이름은 일종의 교시를 위한 도구이자 사물의 형상을 구별하는 도구여야 한다. 이름은 임의로 명명해서는 안 되고 사물의 본질을 나타내도록 해야 한다는 것이다.

안전핀을 예로 들어보자. 안전핀은 철제도 있고 동제도 있고 길이나 무게도 여러 가지일 수 있다. 우리는 그러한 것을 통틀어 안전핀이라고 인식한다. 따라서 안전핀이 가리키는 것은 각각의 실물이 아니라 안전핀이라는 이데아(이상형, 개념)라고 할 수 있다〈도형 5-1〉.

그런데 안전핀이 꼭 안전하다고 할 수는 없다. 예리한 침이 달려 상처를 낼 수 있는 위험한 물건이기 때문이다. 안전핀이라고 하는

---

2 참고문헌: 일본약제사회 편저《제12개정 조제지침보강판》약사일보사(2008), 도츠카 시치로 역《아리스토텔레스 전집11-문제집》이와나미서점(1968), 미즈치 무네아키·다나카 미치타로 역《플라톤 전집2 클라튜로스, 테아이테토스》이와나미서점(1974)

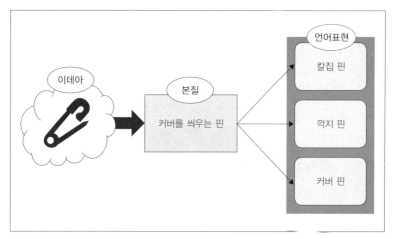

〈도형 5-1〉 안전핀의 본질을 파악한 이름

이름은 이러한 특징을 손쉽게 속이고 있는 것이나 다름없다. 소크라테스에 따르면 이름은 그 이데아를 묘사하는 것이어야 한다. 그러므로 안전핀의 경우에는 커버가 있는 핀이라는 속성이 개념이 된다. 그리고 이러한 본질의 발견이 사물 명명의 제1 단계이다.

제2 단계는 본질을 음성으로 재현하는 작업이다. 커버가 있는 핀은 상품명으로 적당하지 않으므로, 본질을 잃지 않으면서도 표현하기 쉬운 단어로 바꾸어 칼집 핀이나 깍지 핀이라는 이름을 만들어 내야 하는 것이다.

소크라테스는 제1 단계는 사물의 본질을 발견하는 철학적인 작업이며 답이 하나밖에 없는 반면, 제2 단계는 기술적인 일이라서 여러 가지 답이 있을 수 있다고 생각했다. 그래서 이름을 짓는 솜씨는 좋고 나쁠 수 있고, 이름을 사용하는 사람들로부터 평가를 받을 수 있는 것이다.

배를 만드는 사람은 키잡이의 감독과 조언을 받고 방향타를 만드는 것이 좋다. 그래야 좋은 방향타가 만들어진다. 이와 마찬가지로 취급 설명서나 매뉴얼을 만들 때에도 실제로 그것을 읽을 사람의 의견을 반영해야 한다. 그렇게 하지 않으면, 알아보기 힘들고 이해가 되지 않는 이름이 많아져 효용이 떨어진다.

6. 잘못된 선택을 방지하는 방법

(1) 선택의 기회는 적을수록 좋다

일에는 선택을 해야 하는 작업이 무수히 많다. 인간은 누구라도 잘못을 범할 수 있기 때문에 당연히 선택의 오류를 저지르는 휴먼에러도 다수 발생하게 된다.

원칙적으로는 작업 공정에서 작업자가 선택을 해야 하는 과정을 줄이는 것이 좋다. 선택할 일이 없으면 선택의 오류를 범할 일도 없어지기 때문이다. 그러나 선택할 일이 없어지기는커녕 오히려 점점 늘어만 가는 것이 현실이다.

물론 잘못을 범할 소지가 없는 선택도 있는데, 예를 들자면 전력의 교류주파수가 그렇다. 교류주파수는 50헤르츠이든 60헤르츠이

든 상관이 없고 이외의 다른 수치도 괜찮다. 하지만 이 때문에 일본의 전력회사들이 각자 수치를 정해서, 현재 일본에서는 전기기기를 사용할 때 주파수가 50헤르츠인지 60헤르츠인지 알아보고 설정을 달리해야 하는 경우도 있다. 이렇듯 선택이 오류에서 자유로운 경우에는 한 가지 주제에 관한 각양각색의 변종이 생겨나, 결과적으로 무의미한 선택의 수고라는 후유증을 남길 수도 있다.

제품의 매력화도 선택의 수고를 더하게 한다. 한 품종만을 생산하면 부품 조달에서 제조, 판매까지 하나의 패턴으로 끝낼 수 있다. 그러나 이러한 점을 알아도 한 품종만으로 고객을 만족시킬 수는 없기 때문에 보통은 품종을 늘릴 수밖에 없다. 하지만 품종을 되는 대로 마구 늘리면, 생산활동 시 선택을 해야 하는 작업의 수고가 늘어나고 순식간에 과부하가 일어난다. 특히 한 사람의 작업자가 다양한 품종을 생산하며 동시에 여러 작업을 담당하면, 잘못 선택하는 실수는 반드시 증가한다.

이렇게 선택 과정은 지양한다고 해도 늘어나고, 주의하지 않으면 더욱 많아진다. 그러므로 무엇보다도 'Simple is best(단순이 최고)' 임을 기억해야 한다. 그리고 선택 시의 오류 발생을 줄이려면 정기적으로 업무를 살펴보고 간편함을 추구해야 한다.

(2) 좌우를 고를 때에도 실수는 일어난다

얼핏 보면 매우 유사하지만 오류를 범하면 큰 피해가 생기는 선택이 특히 까다로운 문제인데, 좌우의 방향을 고르는 일이 그 한 예이다.

좌우 선택의 오류는 다음과 같은 이유로 고질적으로 일어난다. 이것은 '좌우의 저주'라고 불릴만한 위험이다.

① 거의 모든 일에서 좌우의 착각이 발생할 수 있다. 좌우대칭이 아닌 한, 모든 물체는 거울상, 즉 비슷하면서도 다른 모양을 가질 수 있기 때문이다.

② 간단한 부품 · 부속의 경우 좌우 모양의 구분 없이 작동하는 일이 많아, 작업자마다 오른쪽, 왼쪽을 마음대로 선택한다.

③ 부품 · 부속이 좌우의 구분 없이 작동하므로 이상을 알아차리기 어렵다. 그러다가 좌우가 맞물리지 않는 부품끼리 연결하게 되면 사고가 일어난다.

④ 잘못하면 의도와는 정반대의 효과를 낳기 때문에 최악의 사태를 불러일으킨다.

일본의 도로는 좌측통행인데, 좌측통행을 실시하는 나라는 세계적으로 많지 않다. 그래서 일본인이 외국에서 운전을 할 때에는 무심코 역주행을 하지 않도록 주의해야 하는데, 이런 차이에서 오는 혼란도 휴먼에러의 한 원인이 되고 있다.

자동차가 잘못하여 고속도로의 출구로 들어가거나 차선을 역주행하는 사고 또한 드물지 않다. 일반도로에서도 일방통행 도로에서 역주행 사고가 종종 일어나는데, 운전자는 미주 오는 차가 없는 한 자신이 역주행을 하고 있다는 사실을 잘 깨닫지 못한다. 교통표지가 뒷면이 보이지는 않는지 주의를 기울이면 될 일이지만, 사실 표지 뒤쪽은 눈에 띄지 않아서 간과하게 되는 것이다.

또한 자동차의 브레이크와 액셀 페달이 좌우에 근접해있어서 이를 잘못 밟는 사고도 많다.

2010년에 미국에서 일본차 리콜 소동이 일어난 적이 있는데, 이때도 대부분 리콜 사례의 진짜 문제는 차체 결함이 아니라 운전자가 액셀과 브레이크를 잘못 밟은 데 있었다.

인간공학에서는 정반대의 조작을 하는 페달은 서로 멀리 떨어뜨려 설치하고, 조작 방향도 역방향으로 설정해야 한다는 원칙이 있다. 하지만 오늘날 자동차의 페달은 이런 원칙과 완전히 배치되는 위치에 있는데, 그 이유는 좋은 대안을 발견하지 못했기 때문이다.

(3) 오른쪽, 왼쪽을 혼동하는 일을 어떻게 막을까?

방향 혼동 문제의 근본적인 해결책은 좌우대칭의 모양을 활용하는 것이다. 빨대를 예로 들어보자. 필자는 카페에서 주름이 있는 빨대를 거꾸로 사용한 적이 있다. 하지만 음료수를 마실 때 꼭 주름 빨대를 쓸 필요는 없으므로, 단순한 보통 빨대를 쓰면 방향을 틀릴 일이 없어 이러한 실수도 일어나지 않을 것이다. 그리고 빨대의 주름을 한쪽이 아닌 양쪽에 넣어도 실수를 방지할 수 있을 것이다.

그렇지만 좌우대칭형으로 만들기 어려운 것도 있다. 건전지에는 플러스, 마이너스의 방향이 있는데〈도형 6-1〉, 이것은 정반대의 방향으로 꽂아도 접속이 되기 때문에 위험하다〈도형 6-2〉. 이때 방향 선택의 오류를 없애려면 과학적으로는 도형 6-3과 같이 원통의 축을 따라 좌우대칭으로 만들면 된다. 하지만 이렇게 하면 모양이 복잡하고 건전지끼리 직렬 접속을 할 수 없다는 맹점이 생긴다.

좌우 혼동 문제에 대한 대책은 방향 이외의 무엇인가를 활용하여 사용 전에 선택의 오류를 알 수 있게 하는 것이다. 예를 들어, 건전지는 좌우의 상이함 외에 요철의 차이를 활용하면 역방향 접속을 불가능하게 할 수 있다〈도형 6-4〉.

좌우의 차이로만 제대로 된 판별을 하기는 어렵다. 도형 6-5와 같이 같은 모양의 사물을 나열하는 것은 취급상 실수를 유발하는 원인이 된다. 그러므로 동일한 형태의 사용을 피해 특징을 달리해야 한다〈도형 6-6〉. 그러나 공업 디자인의 세계에서는 같은 모양을 나열하면 깔끔해 보인다는 어림짐작의 경험 법칙이 통용되고 있고, 그래서 일부러 특징의 차이를 없애는 디자인이 매우 많다.

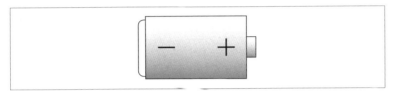

〈도형 6-1〉 건전지와 양극의 방향

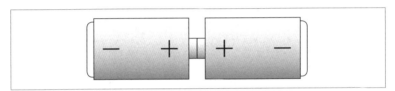

〈도형 6-2〉 건전지의 역방향 접속

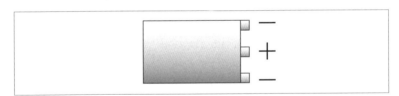

〈도형 6-3〉 좌우 대칭형으로 만든 건전지

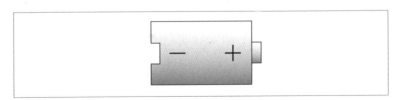

〈도형 6-4〉 요철을 이용한 역방향 접속 방지

〈도형 6-5〉 보기에 좋은 좌우가 동일한 모양

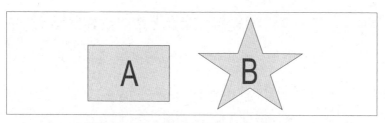

〈도형 6-6〉 취급상의 오류를 막기 위해 차이를 둔 모양

좌우의 혼동을 줄이기 위한 최종적인 수단은 방향을 잘못 선택해도 위험하지 않도록 기계를 개조하는 것이다. 예를 들어, 다이오드(Diode: 유리나 금속으로 된 진공 용기 속에 음극과 양극의 두 전극이 들어있는 전자관)를 이용하여 전기의 역류를 막으면, 건전지를 잘못된 방향으로 끼워도 문제가 일어나지 않는다.

액셀과 브레이크의 혼동에 대해서는, 두 페달을 동시에 밟는 경우 브레이크만 작동하게 하든지 액셀을 너무 세게 밟는 경우 브레이크가 걸리게 하는 방법을 강구하면 조금은 효과가 있을 것이다. 그러나 이러한 방책들은 대개 실시가 쉽지 않고 비용도 든다. 그러므로 애초에 방향차를 없애거나 방향차로 인한 실수를 사전에 방지하는 것이 사고 예방의 지름길이다.

7. 규칙의 배경과 근거 알기

(1) 스푼의 수수께끼를 알아보자

고급 레스토랑에서는 '뀌이에르 아 소스 앵디비뒤엘(Cuillère A Sauce Individuelle: 개인용 소스 스푼)'이라는 작은 숟가락을 사용하고 있다. 일본에서는 '생선 소스용 스푼' 등으로 불리는데, 이 숟가락은 넓고 얇게 만들어져 어류 요리의 소스를 먹는 데 적합하다.

그런데 이 스푼에는 용도를 알 수 없는 홈이 파여있다〈사진 7-1〉. 왜 이러한 자국이 있는 것일까? 그 유래에 대해 조사를 해보았더니 아직 정확한 사실이 알려져 있지 않았다. 일설에 의하면 기름이 너무 많은 경우 그것을 흘려보내기 위해서 만든 것이라는데, 홈이 너무 작아 별로 실효성은 없어 보인다.

다만 이 자국이 스푼의 용도를 표시하는 역할을 하는 것만은 분명하다. 식품업체에 따르면, 어류 요리용 포크나 나이프에도 자국이 있다고 한다. 캐나다인 실업가이자 저자인 킹슬레이 워드는 "우

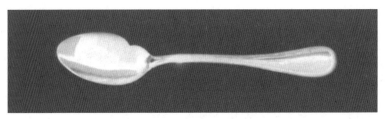

〈사진 7-1〉 홈이 파인 생선 소스용 스푼

리 같은 연장자들은 테이블 매너에 조금 까다롭습니다. 그래서 사장의 저녁식사에 초대받은 평이사가 샐러드용, 디너용, 생선 요리용 포크가 다른 것이나 수프용과 디저트용 스푼이 다른 것을 모르면 그 사람 앞에 알맞은 걸 슬쩍 밀어놓는 일이 자주 있지요"라고 말한 적이 있다. 이와 같이, 홈과 같은 미묘한 차이가 작지만 중요한 기능을 하는 것이다.

(2) 규칙도 그 배경을 알아야 지킨다

인간은 유래를 알 수 없는 규칙은 잘 지키지 않는다.

화학 플랜트(Plant: 시설이나 설비 시스템)에서는 배관 밸브를 이중 직렬로 설치하는 경우가 있다. 초보자는 밸브가 하나만 있어도 배관을 폐쇄할 수 있으므로 이중 설치를 헛수고라고 볼 수도 있을 것이다. 하지만 이것은 이중 설치의 이유를 모르기 때문이다. 배관 개방을 할 때 하단의 밸브를 완전히 열어버리면 사고가 터진다. 상단 밸브의 출구에서 압력 저하로 인한 온도 저하가 일어나고, 결국 양쪽 밸브가 다 얼어 개폐가 불가능하게 되는 것이다. 1966년, 프랑스 페장에서 발생한 LPG 가스탱크 폭발 사고도 이렇게 해서 일어났다. 하지만 밸브를 이중으로 설치하면 한쪽이 완전히 열려도 나머지 한쪽이 안전 장치로 작용한다.

산업 · 기술 분야의 규칙 중에는 얼핏 보았을 때 '왜 이렇게 쓸데

없는 규칙이 생겼을까?' 싶은 것이 있다. 이것은 초심자에게 좋은 생각할 거리가 된다. 신입 연수에서는 초심자의 사고 능력을 키우기 위해 종종 그런 규칙이 생긴 이유에 대해 생각해보게 한다.

(3) 오랏줄 색깔에도 이유가 있었다

에도 시대 막부 직할지의 치안 담당 관청에서는 죄인을 체포할 때 계절에 따라 색이 다른 오랏줄을 사용했다. 봄은 청춘을 의미한다고 해서 파란색 줄을, 여름은 강렬한 태양을 반영하여 빨간색 줄을 쓰는 식이었다. 그런데 이런 색 구별은 기능상으로는 전혀 의미가 없다. 오히려 색을 관리하는 수고를 더하게 되므로 휴먼에러의 원인이 된다고 할 수 있다.

하지만 이런 규칙이 생긴 데는 이유가 있었다. 당시 죄인의 포박은 신이 관리들을 시켜 정의를 수행하는 행위로 여겨졌다. 그래서 이들은 신의 일을 아무 도구나 써서 대신할 수는 없다고 생각했다. 이런 생각에서 오랏줄의 색깔로 계절의 신들에게 존경의 뜻을 표현하고 체포 행위의 엄숙함을 더하려고 했던 것이다.

(4) 열면 안 되는 상자에도 담을 것이 있다

일본 민속학계의 유명 저자 야나기다 구니오의 《도오노 모노가타리 슈이(遠野物語拾遺: 원야물어습유)》에는 이런 이야기가 나온다.

이와테 현 도오노 지방의 어느 오래된 가문에는 열어서는 안 되는 상자가 대대로 전해 내려왔다. 상자를 여는 사람은 눈이 멀게 된다는 것이었다.

그러나 문명 개화의 시기가 도래하여 과학 만능주의와 합리주의가 유행하는 세상이 되자, 결국 그 상자가 열리게 되었다. 그런데 상자 안에는 바둑판 모양의 천 조각 하나가 들어있을 뿐이었다. 물론 그 상자를 연 사람의 눈에도 별일이 일어나지 않았다. 이것은 어찌 보면 맥이 빠지는 일이었을 것이다.

그러나 그 천 조각은 아무 의미 없는 것이 아니었다. 오래전, 그 집안 선조가 연어 껍질 덕분에 궁지에서 벗어났다는 전설이 있었다. 그래서 연어의 껍질을 모방한 천 조각을 부적 삼아 소중하게 보관했던 것이다. 또 개봉이 금지된 상자라는 두려움과 매혹을 동시에 지닌 존재가 집안을 이끌어왔다고도 할 수 있다.

어떻게 보면 모든 조직이 이런 상자의 존재를 가정하는 것이 좋을지도 모른다. 그러면 과거의 사고를 교훈으로 삼을 때 이를 활용해 재발을 막을 수 있을 것이다. 과학만능주의에 기대 안심하기보다 최고경영자조차 '열지 말아야 할 상자,' 즉 반드시 지켜야 할 규칙이 있다고 생각하는 편이 좋다. 이렇게 지위고하를 막론하고 안에 대해 엄숙함을 갖는다면 그 조직이 사고를 예방하는 데 큰 도움이 될 것이다.

(5) 엄숙함은 조심성을 더한다

위험 작업을 할 때는 특별한 전용 도구를 써야 한다. 늘 사용하는 도구는 경계심을 풀게 하고 작업을 얕잡아보게 만들기 때문이다.

2011년 5월 15일, 사이타마 현 고시가야 시에서 여성 두 명이 살충제를 마시는 사고가 일어났다. 자치회에서 연갈색의 약액을 페트병에 넣어 마을 사람들에게 나눠주었는데, 이를 음료수로 착각한 것이다. 가정에서는 보통 음료수 빈 병을 다른 액체를 담는 용기로 활용하는데, 이러한 점 때문에 농약이나 살충제를 음료수로 오인하는 사고가 끊이지 않고 있다.

가정에서 음료수 병에 위험물을 보관하는 이런 실정은 사실상 일일이 개선하기 어렵다. 그러므로 오음을 방지하려면, 위험물은 전용 용기에 담고 공업용·업무용 약제를 가정에 가져가지 말라고 권장하는 수밖에 없다. 그리고 가정에서 사용하는 위험한 액체에는 경고가 되는 색, 냄새, 맛을 첨가해야 한다.

사람을 다치게 할 가능성이 있는 작업에는 '제사'를 올리는 마음으로 임해야 한다. 그만큼 엄숙하고 조심스럽게 진행해야 하는 것이다. 실제로 전쟁 전까지 일본에서는 사람들이 엄숙함을 갖고 있었고, 이에 따라 그 시대의 경고문은 사고 유래를 줄줄이 적은 위협에 가까운 내용을 담고 있었다. 엄숙함이 매우 효과적인 안전 장치가 될 수 있음을 알고, 그것을 활용했던 것이다.

(6) 두려움은 경고의 효과를 높인다

오컬트(Occult: 신비적이고 초자연적인 현상) 세계에서는 사고가 잦은 곳에는 지박령(특정 장소에서 탈을 일으키는 영적 존재)이 있다고 생각한다. 사람들은 보통 그런 장소를 불길하고 경계해야 할 곳으로 여기게 되는데, 이러한 심리를 사고 예방에 이용할 수도 있다.

만약 어떤 곳에서 교통사고가 있었다고 알리면, 사람들은 경계하며 보통 때보다 더 운전에 주의를 기울일 것이다. 이런 경고는 그저 말로써 안전 운전을 권하는 것보다 더 큰 효과가 있다. 그 지점에서 실제로 사고가 발생했음을 알리는 경고판은 사고에 대한 경계심과 공포를 더 생생하게 느끼게 해주기 때문이다〈사진 7-2〉. 또 급브레이크에 타이어가 미끄러진 자국을 남겨놓는 것도 운전자를 두렵게

〈사진 7-2〉 사고 발생 장소를 알리는 경고판

한다. 그러므로 사고다발 지점에는 의도적으로 도로에 타이어 자국을 그려 넣는 방법을 쓸 수도 있다.

예전에 홍콩의 카이탁 공항은 착륙 전 많은 건물 위로 급선회하면서 하강해야 했기 때문에, 세계에서 착륙이 가장 어려운 공항이라고 알려져 있었다. 그러나 비행기가 빌딩과 충돌하는 사고는 일어난 적이 없다. 경계심을 갖고 주의하면 사고는 일어나지 않는 것이다.

춘추전국 시대의 정치가 고무는 이렇게 말했다. "불은 맹렬하기 때문에 그 피해를 누구나 알고 있다. 그러므로 화재로 타 죽는 사람은 그리 많지 않다. 물은 약해 보이기 때문에 사람들은 그 위협을 가볍게 여기고 물에서 논다. 그래서 익사하는 사람이 많다."

이처럼 특히 방심할 수 있는 상황에서는 사고 위험이 높아진다. 공장이나 건설현장에서 추락, 낙상 사고는 1~2미터 정도의 낮은 높이에서 일어난다. 또, 1331년에 발간된 유명한 수필집 《츠레츠레구사(徒然草: 도연초)》 중 '유명한 나무타기'라는 이야기에는 이런 말도 나온다. '작업자가 현기증이 날듯이 높은 장소에 있을 때는 무서워서 스스로 조심하기 때문에 주의하라고 말할 필요가 없다. 실수는 꼭 별 위험이 없어 보이는 장소에서 일어난다.' 이와 같이, 두려움을 잊으면 사고가 나기 쉽다. 그러므로 두려움을 상기시켜 경고의 효과를 높이는 것도 사고 예방을 위한 한 방법이다.

(7) 통계 수치가 의외일 때는 의문을 품어라[3]

사고 보고서 데이터를 검토하다 보면 가끔 의외의 수치를 보게 된다. 자동차 추돌 사망 사고에서 충돌속도의 분포의 경우, 매우 낮은 빈도이기는 하지만 시속 10킬로미터 이하에서도 사고가 일어나고 있는 것이다. 그렇다면 사람이 보행하는 정도의 속도에서 추돌 사고가 일어나 사망자가 발생했다는 의미인데, 이런 뜻밖의 수치는 통계학적으로 가능성이 낮다.

그런데 추돌 사고는 번화가 교차로에서 신호 대기를 하는 중에 자주 일어난다. 이때는 보통 경계가 느슨해지기 쉬워서 심지어 김밥 등을 집어 먹으며 요기를 하는 운전자도 있다. 신호 대기는 식사 시간이라는 얘기가 있을 정도이다. 이런 이유로 그렇게 낮은 속도에서도 치명적 결과를 불러오는 사고가 일어나는 것이다.

예상을 벗어난 통계 수치에는 반드시 의외의 배경 원인이 있다. 그러므로 통계 데이터에서 평균치나 표준편차를 계산해내는 것만으로 만족해서는 안 된다. '이 예상 밖의 수치는 어디서 기인한 것일까?'라는 의문을 가지고 접근하면, 자칫 간과하기 쉬운 사실도 알아낼 수 있는 것이다.

---

3 참고문헌: 킹슬레이 워드 《비즈니스맨 아버지가 아들에게 보내는 30통의 편지》 신조사(1986), 이시이 마사미 《도오노 모노가타리에서 본 말의 힘》 NHK라디오 제2방송 나의 일본어사전(2013), 나카미 마사노 《속 실패백선》 삼북출판(2010)

8. 확실한 점검과 확인을 위한 방법

(1) 인간은 미덥지 못하다

앞서 말했듯이, 사고의 사전 방지에 있어 가장 중요한 능력은 이상 감지 능력이다. 실수를 저질러도 그 즉시 그 사실을 알아차리면 큰 사고로 이어지는 일을 막을 수 있기 때문이다.

그러나 사람이 하는 점검은 그다지 신뢰할 수 없다. 이중점검을 해도 누락 사항을 놓치는 일이 끊이지 않는 문제로 여러 기업이나 조직이 고민하고 있기도 하다. 일반적으로, 점검을 두 번 하면 누락을 간과할 확률이 적어지고 검사의 정확도가 높아지리라고 생각할 것이다. 그러나 실제로는 그렇지 않다. 같은 사람이 동일한 대상을 두 번 검사하면, 첫 번째에 놓친 것을 두 번째에도 놓칠 가능성이 있기 때문이다.

또, 담당자를 바꾸어도 여전히 문제가 남는다. 두 번째 검사원은 첫 번째 점검 결과에 기대는 경향이 있다. '첫 번째 검사에서 어련히 알아서 했겠지'라고 생각하고 검사를 대강하게 되는 것이다. 2011년 6월 4일, 일본 홋카이도 오쿠시리 섬 공항에서 일어난 항공기 이상 하강 사건은 고도설정 변경을 잊어서 생긴 일인데, 이때에도 기장과 부기장 두 명이 고도설정을 확인했었다.

이렇게 인간에 의한 점검은 미덥지 못하기 때문에 이를 보완할 대책이 필요하다. 대표적인 대책은 제3항에서 소개한 출현 특징을 이용하는 것이지만, 이외에 다른 방법도 알아보기로 하겠다.

(2) 확인 시 매번 접근법을 바꾼다

여러 번 점검을 하려면 주목할 포인트를 매번 바꾸는 것이 바람직하다.

예를 들어, '9×4=36'이 맞는지 검산할 때를 보자. 제대로 점검을 하려면 처음에는 정수의 성질을 생각하여 '답이 짝수인가?'를 확인해야 한다. 그리고 그다음 정답의 십 단위와 일 단위의 합계가 9이므로 '답의 합산 결과가 9인가?'를 확인하는 것이다. 이렇게 하면 첫 번째에서 실수를 해도 두 번째 검사에서 바로잡을 확률이 커진다.

이 예에서 볼 수 있듯이 정답을 충족시키는 간단한 조건을 알고 있으면 검사를 하기가 쉽다. 정석대로 9를 네 번 더하는 수고를 하지 않아도 오류를 찾아낼 수 있는 것이다. 다른 경우에도 정상적인 상태를 미리 알고 있다면, 그것을 기준으로 한 다양한 접근법을 이용해 이상을 감지할 수 있을 것이다.

(3) 정확도를 높이는 단서를 늘린다

이상 판정조건을 인위적으로 만들어 이용하는 방법도 있다.

예를 들면, 업무 A와 B에 각각 빨간색과 파란색 용지를 쓰는 것이다. 이렇게 하면 서류가 섞여도 간단하게 분류해낼 수 있다. 군사나 항공 분야에서는 명확한 이해를 위해 무선상에서 알파벳 A, B, C를 각각 '알파(Alpha),' '브라보(Bravo),' '찰리(Charlie)'라고 부른다. 이렇게 정보가 지나치게 짧을 때에는 일부러 조금 길게 만들어 점검의 단서를 늘리는 것이 좋다.

이와 같이, 즉각적인 인식이 어려운 사항에는 인위적인 차이를 덧붙이기도 한다. 이를 위해 명칭을 달리하거나, 용기와 도구의 색깔, 모양 등에 차이를 두는 경우가 많다. 또 물품에 글씨를 써넣는 경우도 있는데, 글자를 한 자씩 쓰는 데는 시간이 걸리므로 실(Seal: 봉인이나 봉인의 표시로 쓰이는 종이)이나 스탬프를 사용하는 것이 좋다.

장소에 차이를 둘 때에는 제4항에서 소개한 구획화를 활용할 수 있다. 공정이나 보관의 장소가 다르면 부품 등이 다른 작업에 섞여들 가능성이 물리적으로 줄어들기 때문에, 구획화는 이상의 감지와 예방을 위한 좋은 대책이 된다.

(4) 관리감독자가 의미를 알 수 있게 한다

검사 대상을 그냥 보기만 해서는 이상을 알아차리기 어렵다. 공자의 말처럼 '마음이 여기 없으니 보여도 보이지 않는' 상태가 되기 쉽기 때문이다. 검사자가 세심한 주의를 기울이려는 마음을 가지고 검사에 임하지 않으면 제대로 된 검사가 이루어질 수 없는 것이다.

어느 냉동식품 공장은 유통기한 표기를 잘못하는 실수로 곤란한 상황에 빠진 적이 있다. 제조일로부터 1년 후를 표기하는 유통기한에 그만 제조일 날짜를 인쇄한 것이다. 작업자는 '12. 8. 10'라고 적어야 할 유통기한에 제조일 '11. 8. 10'을 써넣었다. 이러한 사고를 막으려면 어떤 대책을 세워야 하는 것일까?

그냥 숫자를 보는 것만으로는 정보가 사람의 뇌에 잘 입력되지 않는다. 그러므로 소리를 내어 읽게 하거나(복창하여 확인하면 더욱 좋다) 쓰게 하는 것이 좋다. 이렇게 하면 정보가 가진 의미가 보다 더 확실하게 뇌에 이르게 된다. 그리고 표기를 할 때에도 날짜만 쓸 것이 아니라, '제조일 2011년 8월 10일 – 유통기한 2012년 8월 10일'과 같이 문자를 함께 인쇄하여 의미를 일목요연하게 알 수 있게 해야 한다.

(5) 사전준비를 철저히 한다

온갖 품목을 잡다하게 섞어서 연이어 검사를 하면 심리적으로도 부담이 되고 작업장의 효율성도 떨어진다. 그러므로 이런 식의 검사를 피하기 위해서는 사전준비를 철저히 해야 한다.

사전준비를 하려면, 우선 일을 내용과 종류에 따라 나누도록 한다. 이때 검사를 할 분량은 검사자가 집중력을 잃지 않을 정도로 정하고, 금액순이라든가 고객명순 등의 지표에 따라 분류한다. 작업의 성격에 알맞은 일정한 기준을 설정하고 그에 맞게 분류하는 것이 작업 능률을 올리는 방법이다.

그렇게 하면 점검 포인트가 동일해지기 때문에, 검사의 착안점이 안정되고 판정 규칙도 일관되어 오류나 누락의 가능성이 줄어든다. 또한 적당한 분량의 일을 하므로 높은 집중력을 유지할 수 있다.

점검 사항을 정렬하다 보면 그 순서를 흐트러지게 하는 안건에 봉착하는 경우도 있을 것이다. 이는 검사의 사전준비에서 실수를 했거나, 검사 대상 작업 자체가 실수를 할 정도로 혼동하기 쉬운 성격을 띠고 있는 경우이다. 이때에는 그 안건 자체에 어떤 다른 실수가 숨어있을 가능성이 높기 때문에 경계심을 한층 강화하여 검사를 해야 한다.

(6) 상태를 표시하는 물건을 이용한다

작업자의 기억을 도와 착각을 방지하려면, 물건을 이용하여 추상적인 일의 내용을 표시하는 방법을 쓸 수 있다. 인간은 눈앞에 보이고 만질 수 있는 사물의 관리에는 뛰어나지만, 추상적이거나 그 존재가 눈앞에 없는 사물에 대해서는 착각이나 망각을 하기 쉽다. 상징을 이용하는 것은 이런 이유 때문이다. 상징을 사용하는 사례는 실제로 많은 곳에서 찾아볼 수 있다.

〈사진 8-1〉 통행허가증을 기관사에게 건네는 역원

① 철도의 통행허가증〈사진 8-1〉: 선로 구간마다 통행허가증을 하나씩만 만든다. 통행허가증은 동일 구간의 통행권을 두 대의 열차에 주는 실수와 그로 인한 충돌 사고를 막을 수 있다.

② 항공기의 도어에 부착된 띠〈사진 8-2〉: 민간 항공기에 타면 도어에 빨간 띠가 달려있는 것을 볼 수 있다. 도어에는 비상 탈출 슬라이드의 작동 모드를 설정하는 레버가 있는데, 그 레버의 안전핀에 이 띠가 붙어있는 것이다. 슬라이드를 펴려면 안전핀을 뽑아야 하므로, 이 띠가 도어에 부착되어있다면 슬라이드가 작동하지 않는 모드라는 의미이다.

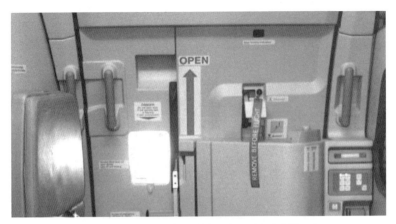

〈사진 8-2〉 비상 탈출 슬라이드의 모드를 나타내는 띠

물체를 이용하는 방법에는 여러 가지 이점이 있다.

첫 번째, 작업하는 사람이 일을 하다가 작업 사항을 잊어버려도 물건은 계속 남는다. 그래서 해당 작업자나 할 교대자가 아직 잔무가 있음을 쉽게 알 수 있다.

두 번째, 업무 진척의 가시화를 돕는다. 즉, 일의 진행 상황을 누구나 간단하게 점검할 수 있게 해주는 것이다. 예를 들어, 항공기 도어에 달린 띠는 멀리서도 비상 탈출 슬라이드가 어떤 모드인지 알 수 있게 해준다. 그러므로 한 사람이 착각하더라도 다른 객실 승무원들이 이를 보고 모드 상태를 정확하게 파악할 수 있는 것이다.

물체를 이용할 때의 이점은 컴퓨터 화면상의 표시 등을 능가한다. 이때에는 로테크(Low-Tech : 과거의 일반적 기술)가 하이테크(High-Tech: 첨단 과학기술)를 이긴다.

9. 과거에 발생한 재해의 활용

(1) 어설픈 대책은 재앙을 부른다

지금까지 휴먼에러에 대한 다양한 대책을 소개했다. 그런데 대책의 수가 많아지면 어느 것을 선택할지 고민하게 된다. 여기서는 어떤 대책을 선택하여 어떻게 적용할지에 대해 생각해보자.

닥치는 대로 대책을 채택하면 얼핏 나름대로 효과가 있는듯 보여도 사실 실효성이 없다. 흔히 어떤 실수가 일어나면 그때마다 점검표를 사용하여 이중점검을 철저하게 실시하는 대책을 시행하지만, 실제로는 이런 대책도 그다지 실수를 줄이지 못한다. 특이성을 내세우며 지금까지 시도된 적이 없는 대책을 도입한다 해도 문제는 여전하다. 미숙한 방법은 재앙의 원인이 되며 현장의 실정에도 맞지 않아 오히려 실수를 증가시킬 수도 있기 때문이다. 그러므로 대책은 넓은 견지에서 생각하고 발전시켜나가야 한다.

한편, 대책의 수준은 크게 나누어 두 가지로 볼 수 있다.

① 사고 발생의 과정을 밝혀서 개발하는 수준

② 처음에 설정한 바람직한 상태를 고려하여 사고에 대한 마음가짐을 변경하는 수준

두 번째 이론에 대해서는 뒤에 거론하기로 하고, 여기에서는 사고의 발생 과정과 관련한 대책을 다루기로 한다.

(2) 두 가지 수형도를 이용한다

사고는 사건의 연쇄이다. '바람이 불면 통장수가 돈을 번다'[4]고 하는 일본 속담처럼 원인이 결과를 낳고, 그 결과가 다른 결과를 낳는 것이다. 사고 대책의 수립은 시고 과정에서 일어나는 사건의 연쇄를 끊기 위한 아이디어를 고안하는 일이다. 어떤 일의 진행과 결과를 나타내는 과정은 나무 모양을 한 그림으로 표현하면 쉽고 편리하게 알아볼 수 있다. 이를 수형도라고 하는데, 수형도에는 사건수 분석법(ETA)과 결함수 분석법(FTA)이 있다.

(3) 사건수 분석법(ETA)을 알아보자

사건수 분석법(ETA: Event Tree Analysis)은 사고의 계기를 상정하고, 그것이 어떠한 사고를 일으킬 수 있는지 귀납적으로 접근하여 설명하는 방법이다. 이는 일본의 산업현장에서 행해지는 위험예지(KY: Kiken Yochi) 훈련과 그 성격이 같아서 그림을 이용하여 더

---

4 어떤 일이 연쇄적으로 일어나 전혀 뜻밖의 결과를 불러온다는 의미이다. 바람이 불면 흙먼지가 날려 눈병을 앓는 사람이 늘고 눈이 머는 사람도 늘어난다. 그러면 주로 눈먼 사람이 연주하던 현악기 샤미센의 수요가 증가해 그 재료로 쓰는 고양이 가죽의 수요도 증가하고, 결과적으로 쥐가 들끓고 통을 쏠아 통장수가 돈을 번다는 식이다. 하지만 실제로는 바람이 불면 건조해진 공기로 통의 나무테가 떨어져 나가 통장수가 돈을 벌게 되는 경우가 많다. ─옮긴이

욱 신중하게 실시하는 위험예지로 보아도 좋을 것이다.

먼저, 사고의 계기가 될 수 있는 사건을 그림의 왼쪽에 적는다 〈도형 9-1〉. 이를테면, 새로 현장에 도입되는 중공업용 기계 등 직장의 변화 요소를 고르면 된다. 이런 까닭으로 사건수 분석법의 결과는 아침회의 때에 공유하면 좋다. 또한, 변화 요소 외에 과거의 사고 원인과 같이 잘 알려진 사안을 사고 계기로 설정해도 무방하다.

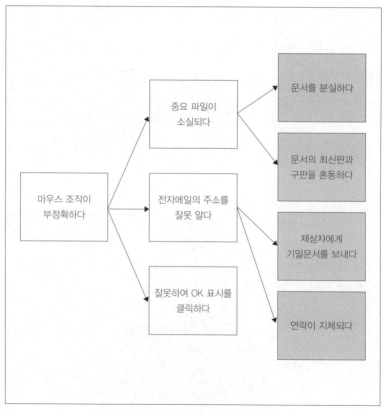

〈도형 9-1〉 사건수 분석법(ETA)의 예

그다음에는 오류의 계기가 일으킬 수 있는 사건을 오른쪽에 적는다. 다시 그 사건이 유발할 수 있는 또 다른 사건을 오른쪽 옆으로 잇달아 써나간다. 이렇게 하면 한 가지 계기로부터 사건의 가지를 친 수형도가 만들어지고, 사고의 결과에 이르는 과정을 알 수 있다.

이제 사고를 막으려면 사태가 오른쪽 끝의 결과로 진행되지 않도록 하면 된다. 즉, 화살표를 끊으면 되는 것이다. 이를 위해서는 화살표가 잇는 원인과 결과를 보고, 원인에서 결과로 연쇄하는 과정을 단절할 방법을 고안해야 한다. 도형 9-2는 도형 9-1에서 한 사건 가지를 따로 빼놓은 것이다. 이 문제를 해결하려면 '작업자가 전자메일 주소를 혼동하더라도 문서가 외부로 유출되지 않게 하는 방법은 없는가?'를 생각해보고, 그 방안들을 목록으로 작성한다.

화살표의 흐름을 간단하게 끊는 방법을 찾기 어려운 문제도 있

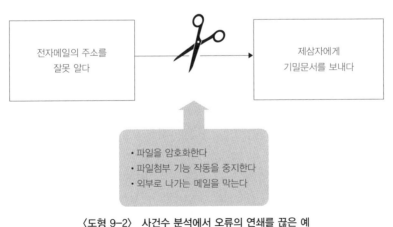

〈도형 9-2〉 사건수 분석에서 오류의 연쇄를 끊은 예

다. 하지만 모든 연쇄를 끊는 필요는 없다. 수형도를 시작부터 끝까지 살펴보고 그 경로 중 한 군데만이라도 차단하면 사고에 이르지는 않기 때문이다. 그러므로 경로 중에 끊기 쉬운 곳을 찾아 흐름을 차단하기만 해도 충분하다.

단, 막대한 피해를 유발할 수 있는 경로는 신중하게 검토하여 겹겹으로 차단해야 한다. 또한 리스크의 경중에 상응하는 대책을 고르고 적정한 비용을 고려하는 것이 핵심이다.

사건수 분석법의 결점은 생각의 범위가 너무 넓어지는 것이다. 하나의 계기가 어떤 나쁜 결과를 불러올 수 있을지 예상할 때, 비관적으로 생각하는 경향이 있으면 시나리오가 끝없이 떠오른다. 또 별로 가능성이 높지 않은 경우를 상정하여 대책을 세우고 대비하면 부질없는 노력으로 끝날 수도 있다. 한편, 지나치게 낙관적인 예상만 하면 수형도가 조잡스러워진다. 이렇게 비관과 낙관의 조절이 어렵기 때문에 두 번째 방법인 결함수 분석법이 필요한 것이다.

(4) 결함수 분석법(FTA)을 알아보자

결함수 분석법(FTA: Fault Tree Analysis)은 사고의 결말을 상정하고, 그것이 일어나기 위한 조건을 생각해내는 기법이다. 결말에서 연역하는 추리 방법이어서 사건수 분석법의 역(逆)으로 볼 수 있는데, 일본에는 '왜?의 분석'이라고 부르는 회사도 있다.

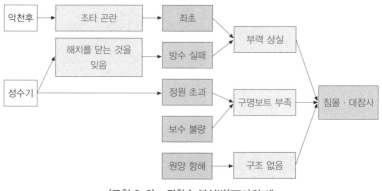

<도형 9-3> 결함수 분석법(FTA)의 예

우선 일어나서는 안 되는 사고를 오른쪽 끝에 적는다〈도형 9-3〉. 예를 들어, 이미 한 번 일어나 재발 방지에 힘쓰고 있는 사고나 회사의 존폐가 걸린 중대한 사고를 고르면 된다. 분명한 적(사고)을 막기 위한 방법으로는 결함수 분석법이 적합하다.

그다음에는 사고 발생을 가능하게 하는 조건을 왼쪽에 적는다. 그리고 그 조건을 성립시킬 수 있는 배경을 다시 왼쪽 옆으로 써나간다. 이렇게 하면 사고의 결과를 요점으로 하는 수형도가 완성되어, 어떤 일이 일어나야 사고가 발생하는지 확실하게 알 수 있다.

이제 사고 방지 대책을 고안하려면, 사건수 분석법과 마찬가지로 어떠한 사태가 오른쪽 끝에 도달하지 않도록 연쇄를 끊는 방법을 찾아내면 된다.

결함수 분석법은 방지하고자 하는 사고에 초점을 두고 생각을 진행해나가기 때문에 비관적으로 이것저것 걱정할 필요가 없다. 즉 사고하는 데 불필요한 과정이 없는 것이다. 그러나 요점을 둔 사고 이외의 다른 사항은 전혀 고찰할 수 없다는 결점이 있다. 이렇게 상정한 것 이외의 사건을 예상하는 데는 미흡한 면이 있으므로, 그런 사건을 찾아내려 할 때에는 사건수 분석법을 이용해야 한다. 그렇기 때문에 아침회의 때에는 사건수 분석법을 이용하고, 저녁회의 때에는 결함수 분석법을 이용한 사고 방지 논의를 하는 등 양쪽을 균형 있게 사용해야 하는 것이다.

(5) 두 수형도를 함께 활용하라

사건수 분석법과 결함수 분석법은 신뢰성공학 분야에서 탄생한 방법으로, 학계에서는 정통적으로 '원인에서 결과가 일어날 확률을 계산하기 위해 사용하는 분석법'으로 정의하고 있다. 여기에서 소개한 방식들은 내용을 조금 바꾸어서, 사고(事故) 과정을 조사하여 그 연쇄를 끊기 위한 사고(思考)의 도구로 삼은 경우이다.

원래 사고 발생의 확률을 정확하게 견적하는 사건수 분석법이나 결함수 분석법을 사용한다고 해도 어려운 일이다. 대규모 시스템의 설계에서는 수형도 분석이 필수 항목이지만, 그래도 대형 사고는 일어난다. 이것은 수형도를 그릴 때 지나치게 낙관적으로 생각하거나 어떤 사항을 빠트리기 때문이다.

필자는 확률 계산보다도 사고 과정 수형도를 만들어보는 자체에 의의가 있다고 생각한다. 직장의 모든 사람이 활발한 토론을 하면서 모조지나 화이트보드에 크게 수형도를 그려보자. 그리고 사고 과정의 연쇄를 끊을 아이디어와 지혜를 나열해보도록 한다. 이런 공동 작업을 하면, 사고 발생 가능성을 품은 함정, 사고가 일어났을 때의 대처법, 안전 규칙과 안전 장치의 의미 등을 모두가 깊이 이해하고 납득할 수 있다.

10. 문제에 대처하는 방법

(1) 문제 해결 시에는 신중하게 접근해야 한다

사고는 원치 않는 결과가 발생하는 사건이다. 그렇다면 어떤 사건이 사고인지 아닌지에 대한 판정은 주관적인 결과론에 지나지 않는다고 할 수도 있다. 이탈리아의 소설가 W. W. 제이콥스의 고전적 소설 《원숭이의 손》은 어떤 남자가 큰돈을 달라고 기도하자 사랑하는 자식이 죽어서 보험금이 들어왔다는 이야기이다. 어떤 바람의 단순한 충족은 뜻밖의 결과로도 가능하다는 것이다.

목표나 소망이 엉뚱한 결과를 낳는 얄궂은 일은 사고의 배후 관계에서도 종종 볼 수 있다. 그러므로 그저 무언가를 원하기만 해서는 만족스러운 결과를 얻을 수 없다. 또한 인생만사 새옹지마라고 하듯이, 현재로서는 부정적인 성격을 띠고 있는 결과가 나중에 가서 좋은 효과를 불러올지도 모른다.

'사고에 시달리고 싶지 않다'라고 생각하는 데는 문제가 없지만, 그래서 사고를 줄이고, 특히 그 원인인 휴먼에러를 박멸하겠다고 매사에 달려드는 것은 바람직하다고 할 수 없다. 이런 의욕 과잉이 엉뚱한 결과를 낳을 수도 있고, 다른 접근법을 통해 사고의 피해를 줄이고 없애는 편이 나을 수도 있다. 문제를 다각적으로 보고, 가장 타당한 해결책을 발견하려는 노력이 무엇보다도 중요한 것이다.

(2) 문제 해결을 위한 다양한 접근법을 알아보자

문제의 파악과 해결에는 여러 가지 방법이 있다〈도형 10-1〉.

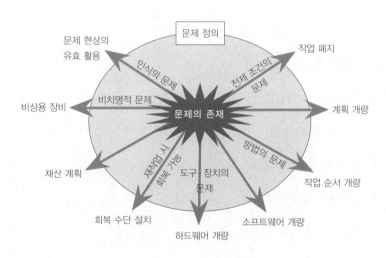

〈도형 10-1〉 문제 개선의 방법

① 작업 용이성을 높인다

  작업 방법과 도구, 장치를 개량하여 사고 감소를 목표로 하는 방법이다. 이것은 가장 자연스러운 사고방식이지만, 그렇다고 해서 반드시 개선의 실효성이 있고 비용이 낮다고 할 수는 없다. 또한 이 사고방식에 경도되면 '개선에 개선을 더하면 사고는 절대로 일어나지 않는다'는 믿음에 빠지는 경향이 있다.

② 피해를 조절한다

  작은 실수나 손실의 발생은 감수하고, 그것들을 능숙하게 처리하여 전체적으로 그다지 심각한 피해가 되지 않게 한다. 이런 사고방식을 가지고 있으면 '(문제가 있어도) 다시 하면 괜찮다,' '실패작은 버려도 좋다' 등의 반응을 하게 된다.

③ 위험한 작업을 폐지한다

  문제가 되는 위험한 작업을 하지 않고 일을 끝낼 수는 없는가 생각한다. 이때 가능한 선택은 해당 작업을 아예 사업에서 배제하거나, 설계 변경으로 불필요하게 하거나, 전문성과 기술력을 갖춘 업체를 선정해 외주화하는 것 등이 있다.

④ 문제를 거꾸로 파악한다

문제라고 생각되는 것이라도 좋은 면이 있다. 예를 들어, 숙련자가 시간을 들여 신중하게 하지 않으면 안 되는 작업은 언뜻 문제로 보일 수도 있다. 하지만 그 작업은 난이도가 높기 때문에 회사의 최고 숙련자팀이 차분하게 시간과 노력을 들여 실시한다고 하면, 무언가 차별화되고 고급스런 느낌마저 든다. 말은 하기 나름이라고 하듯이 이러한 표현력은 중요하다.

모든 작업을 '싸고 빠른' 점을 내세우는 패스트푸드를 만들듯 한다면 숙련자가 실력을 발휘할 곳이 없어지고 회사도 상품 가격을 올릴 수 없게 된다. 사람들은 어려운 수술을 하는 의사에게 존경과 감탄을 보내고 고액의 비용을 기꺼이 지불하는데, 이것은 아무나 만들어낼 수 없는 고급화된 상품을 제공하는 회사에 대해서도 마찬가지일 것이다. 어떤 직업에서도 일의 어려움이 대가를 받는 근거가 된다.

(3) 팩스 전송이 잘못된 경우를 예로 들어보자

팩스 번호를 잘못 눌러 문서가 외부로 유출되는 경우를 통해, 각각의 문제 해결 방법으로 어떤 대책을 세울 수 있는지 알아보자.

① 작업 용이성을 높인다

팩스 전송 작업을 쉽게 만들어 실수를 줄이려면 두 명 이상이 팩스 번호를 확인한다든가, 크고 보기 쉬운 표시 화면을 가진 팩스로 바꾸는 방법을 생각할 수 있다.

② 피해를 조절한다

피해 제어는 '팩스 번호는 자주 혼동할 수 있다'는 전제하에 하는 것이다. 그러므로 우선 팩스 한 장만을 송신하고 바로 상대에게 도착했는지 전화로 확인한다든가, 문서에 약자를 많이 사용하여 외부인은 의미를 알 수 없게 하는 대책 등을 제시할 수 있을 것이다.

③ 위험한 작업을 폐지한다

팩스 전송을 통한 문서 전달 과정을 없애는 방법이다. 전자메일을 이용하거나 절차를 간략화하여 서류 송부를 생략하도록 한다.

④ 문제를 거꾸로 파악한다

팩스 전송을 폐지하고 서류 속달우편을 이용한다. 그러면 정보를 안전하게 취급하는 믿을만한 회사라는 이미지를 심어줄 수 있을 것이다.

(4) 대책 선택 시에는 타당성을 추구하라

여러 가지 대책 방안을 냈다면 이제 어느 것을 채택할 것인지 결정해야 한다. 그런데 고안한 대책 중에는 실행이 간단한 방법도 있고 비용이 많이 들거나 실효성이 의심스러운 방법도 있을 것이다.

이렇게 대책에는 각기 장단점이 있다〈표 10-1〉. 보통은 작업을 개선할 수 있는 대책이 채택되지만, 그렇다고 모든 문제가 해결되는 것은 아니다. 그런 대책은 현상에 대한 응급조치에 지나지 않고 근본적인 해결책이 되기는 어렵기 때문이다. 그러므로 큰 사고로 이어질 리스크가 있는 문제를 다룰 때에는 업무의 폐지를 포함한 근본적인 대응까지 생각해볼 필요가 있다.

또한 대책 선정 시에는 '이상적인' 것이 아니라 '타당한' 것을 선택해야 한다. 이는 곧, 그 실효성과 비용, 실시 후의 리스크까지 평가

대처법	장점	단점	적용 대상
작업 용이성을 높인다	실시하기 쉽다	깊이가 없는 미봉책이 되는 경향이 있다	저~중 리스크의 문제
피해를 조절한다	사고 근절에 투입되는 시간·비용을 줄인다	경영진이 피해 감수의 판단을 내려야 한다	실수 근절이 거의 불가능한 문제
위험 작업을 폐지한다	리스크를 완전히 근절할 수 있다	업무의 근본적인 재편이 필요하다	위험과 피해가 큰 문제
문제를 거꾸로 파악한다	기사회생의 가능성이 크다	공교한 아이디어를 생각해내야 한다	난이도가 높지만 필수적인 업무

〈표 10-1〉 여러 가지 문제 대처법의 특징

해야 한다는 얘기이다. 보통 이 모든 면을 충족시키는 100점짜리 대책 같은 것은 없다. 결국 이상적인 동시에 현실적인 대책은 있을 수 없으므로, 우리들이 추구해야 하는 것은 결점도 있지만 종합적으로 점수가 높은 타당한 대책이다.

(5) 횡단적인 인맥을 활용하라[5]

사고 방지 대책을 실행하려면 자신의 권한 범위 외에 경영에 관계되거나 타 부서의 관할인 일을 해야 할 때도 있을 것이다. 하지만 회사 조직은 기본적으로 수직 구조로 나뉘어있어서, 일반적으로 이러한 일을 수행하기가 어렵다.

그래서 특정 문제에 관계하는 인원을 부서별로 모은 태스크포스(Task Force: 특정 과제를 위한 임시 조직)를 편성하는 방법을 쓰는 것이다. 태스크포스를 조직하면 각 부서의 사정과 아이디어를 공유할 수 있고, 자기 소속이 아닌 부서에 대책 실시를 의뢰하기도 쉽다. 보통 횡단적인 인맥이 두터운 회사는 뛰어난 아이디어를 보다 용이하게 실행할 수 있다.

태스크포스는 최고경영자의 결정으로 편성되는데, 이런 면에는 결함이 있다. 최고경영자가 해결을 요하는 문제의 존재를 인식하면

---

5 참고문헌: 와인버그 《컨설턴트의 비밀》, 공립출판(1990)

다행이지만, 그렇지 않다면 태스크포스가 영영 편성되지 않을 수도 있기 때문이다.

그래서 과제가 없다고 생각되면 도전 과제를 만드는 방법을 쓰기도 해야 한다. 예를 들어, 사장이나 부장이 '국제 콘테스트 1위'와 같은 높은 목표를 세우고, 이를 위한 태스크포스를 편성했다고 하자. 그러면 이 태스크포스는 사고를 막기 위해 조직되지는 않았지만, 횡단적인 인맥을 두텁게 하는 효과를 내며 사고 방지에도 도움이 될 것이다.

어떤 대기업에서는 신입사원 전원을 연수원에 모아놓고 인사부장이 과제를 낸다고 한다. 3주 동안 동기 몇 명의 얼굴과 이름을 외울 수 있는지 경쟁하라는 것이다. 연수가 끝나고 부서에 배속되면, 신입사원은 여러 가지 의문에 부딪힌다. 다른 부서의 업무인듯한 문제가 있으면 그에 대해 누구에게 물어봐야 하는지, 또 어떤 경로로 업무 관련 품의를 올려야 하는지 등에 대해 고민을 하게 되는 것이다. 그럴 때 사원 명부를 보고 해당 부서에서 얼굴과 이름을 기억하는 동기를 찾아내면 그와 직접 상의하는 식으로 일을 빠르게 진행할 수 있다.

이렇게 일반사원 간의 풀뿌리 같은 횡단적 인맥을 활용하는 것도 일의 효율을 크게 높일 수 있는 방법이다.

11. 착각을 부르는 현장의 실태

(1) 현장의 감각에는 오류가 없는가?

필자는 어느 큰 건설회사와 공동으로 건설현장의 휴먼에러 대책을 연구한 적이 있는데, 그때 우수한 작업자와 함께 연구의 단서가 될만한 것을 찾아보기로 했다.

일에 능숙한 사람은 착안점이 바르고, 위험도가 높은 일을 맡아 특히 주의하여 작업하기 마련이다.

그래서 초보자에서 숙련자에 이르는 작업자 전원 및 감독관에게 작업 중의 위험과 주의점에 대해 묻는 조사를 실시하였다. 우리는 그 조사 결과를 토대로 초보자와 숙련자의 착안점이 상이함을 분명히 하고, 초보자에게 숙련자가 생각하는 위험과 주의점에 대해 가르칠 계획이었다. 그렇게 하면 초보자도 작업을 빨리 익히고 사고도 감소하리라고 생각한 것이다.

그러나 조사에서는 의외의 결과가 나왔다. 위험하다고 여기는 일이 초보자, 숙련자, 감독관을 막론하고 거의 같았던 것이다. 또 대다수가 위험하다고 생각하고 주의하는 일과 실제로 위험한 일이 거의 전부 일치하지 않는다는 점도 문제였다. 가장 위험한 작업이 무엇인지 그 회사의 사고 통계 데이터가 엄연히 알려주고 있는데도, 대부분의 사람들이 그에 대해 모르고 있었던 것이다.

(2) 사고가 많은 계절은 따로 있는 것이 아니다

대부분의 사람들이 여름과 겨울은 기후가 나쁘기 때문에 사고도 많이 일어날 것이라고 생각한다. 그러나 사고 통계 데이터에 따르면 실제로 계절 차이에 의한 사고의 증감은 거의 없다.

예를 들어, 일사병은 계절성이 있는 위험 인자이지만 여름에만 일어난다고 할 수는 없다. 봄이나 가을에도 환기가 나쁜 공간에서 중노동의 작업을 하면 일사병으로 사망하는 경우가 있다. 특히 사람들이 많이 방심하는 5월이 오히려 위험하다.

개별적인 위험 인자에 계절에 따른 차이가 있다 해도, 현장에는 서로 다른 다양한 인자가 혼재한다. 그래서 종합적 견지에서, 사고가 특히 많은 계절은 따로 없다는 결론을 내리게 되는 것이다.

(3) 사고가 많은 시간대는 언제일까?

"사고가 늘어나는 시간대가 언제일까?" 많은 사람들이 이 질문에 근무시간이 끝날 무렵이라고 대답했다. 저녁 즈음에 날이 어두워지면 하던 일을 그날 안에 마저 끝내려고 조급해하기 때문에 위험도 커지리라는 생각이었다.

그러나 실제로 사고가 많은 시간은 오전이었다. 보통 아침에 새로운 작업자나 기계·기기가 들어오고, 그에 따라 공간적 변경이나 새로운 소음 등이 발생한다. 이렇게 직장 환경에 여러 가지 변화가 일어나는데, 그것을 인식하지 못하고 전날과 같은 유의 사항을 새기며 일을 해서 사고가 발생하는 것이다.

그런데 작업자뿐만이 아니라 현장감독자도 저녁이 제일 위험한 시간이라고 잘못 알고 있었다. 이래서는 작업자를 사고로부터 지키기 어렵다. 감독자는 특히 아침회의에서 그날 바뀐 정보를 잘 전달해야 한다. 새로운 기계 · 기기에 접근할 때는 주의하라고 지시하고 그 외 유념할 사항을 알리는 일을 소홀히 해서는 안 되는 것이다.

어느 건설현장에서 벌이는 안전활동 중에는 '사고의 날씨예보'라는 것이 있다. 매일 아침, 반장을 맡고 있는 작업자들을 집결하도록 하여, 그날 사고가 일어날 가능성이 있는 곳을 구내 게시판의 도면에 자석을 붙여 표시해보라고 하는 것이다. 사고가 꼭 그 장소에서 일어나라는 법은 없지만, 만약의 경우에 대비해 미리 장소를 예상하고 주의하라는 취지이다. 자석은 보통 새로운 변화가 생긴 장소나 신경이 쓰이는 것이 있는 장소에 놓이게 된다. 이렇게 하면 그날의 변화나 주의할 장소 · 물건 · 사람 등에 관한 정보를 번거로움 없이 공유할 수 있다.

(4) 사고를 당하기 쉬운 사람은 누구일까?

그렇다면 사고를 당하기 쉬운 사람은 누구일까? 이에 대해서 많은 경우 조급하게 서두르거나, 다른 사람의 말을 듣지 않거나, 새로 들어왔거나, 나이가 많은 특징이 있는 사람일 것이라고 대답했다. 바꿔 말하면, 신중하고 체력도 좋은 중견 작업자는 비교적 안전한 사람이라고 믿는다는 얘기였다.

그러나 실제로는 이런 신뢰를 받는 사람도 종종 사고를 당한다. 신중한 중견 작업자는 보통 어려운 일을 담당하기 때문이다. 또한 신입의 경우에는 주위의 동료가 두루 살피며 위험을 알려주기도 하지만, 중견은 누구도 살펴주지 않는다. 안전하다고 생각되는 사람이 오히려 안전하지 않은 역설적인 현상이 생기는 것이다.

결국, 연령이나 성격과 같은 사람의 속성만으로 사고를 당할 가능성의 높고 낮음을 예측하기는 어렵다. 누구라도 실수할 수 있다는 전제하에 모두가 서로 살피고 알리는 협동이 중요하다.

(5) 추락 사고에 대한 선입견을 알아보자

건설현장에서 특히 많이 일어나는 사고가 추락 사고이다. 그런데 어느 정도 높이에서 추락 사고의 위험이 높을까? 이 질문에 대해 많은 사람들이 3미터 이상의 높이에서 추락할 위험이 가장 클 것이라고 대답하였다.

하지만 앞서 밝혔듯이, 실제로는 1~2미터라는 그다지 높지 않은 낙차에서 추락 사고가 많이 일어난다. 건설현장에서 사용하는 가설 발판의 두 번째 단 높이가 이 정도 되는데, 이 높이에서 사고가 많다는 것을 알고 있는 사람은 두 번째 단을 '마의 이단'이라며 두려워한다. 이렇게 추락 사고는 높은 곳에서 발생하는 일이 오히려 드물다. 이는 《츠레츠레구사》의 '유명한 나무타기' 편에 자세하게 언급되어있는데, 그 이야기를 소개하면 다음과 같다.

옛날에 나무타기의 명인이 있었는데, 어떤 사람에게 높게 달린 나뭇가지를 부러뜨리라고 시켰다. 그런데 그 사람이 높은 곳에 있는 동안에는 아무 소리도 하지 않다가 처마 높이쯤 내려왔을 때 조심하라고 말했다. 몸이 아닌 마음부터 내려오면 안 된다는 것이었다. 그 사람이 "처마 높이라면 뛰어내려도 괜찮을 텐데 왜 굳이 주의하라고 하십니까?"라고 묻자 명인은 이렇게 대답한다. "무서울 정도로 높은 곳에 있을 때는 자신이 알아서 조심하기 때문에 굳이 내가 말할 필요가 없소. 실수는 반드시 안전한 곳에서 일어나는 거라오." 이것은 '안전한 상황'에 대한 선입견이 불러오는 방심을 경계하라는 뜻이다. 이런 방심의 피해는 분야를 가리지 않아서, 축구 경기에서도 보통 어려운 볼을 잘 찬 다음 어이없는 실수로 실점을 하는 경우가 많다.

추락 사고 방지에는 특효약이 있다. 안전망을 설치하는 것과 접사다리나 말비계의 발판을 바르게 사용하는 것이다. 이는 누구라도 알고 있는 기본 중의 기본이지만, 추락 사고 빈도로 보아 얼마나 이 기본이 지켜지지 않는지 알 수 있다. 내장 공사에서는 높이 2미터 정도의 발판에 올라서서 하는 작업이 매우 많다. 이 정도의 높이라면 추락 방지 규칙을 지키지 않아도 괜찮고, 지키지 않는 편이 오히려 일 진행을 순조롭게 한다고 생각할 수도 있을 것이다.

그러나 건설현장의 바닥은 콘크리트이기 때문에 작은 추락 사고가 나도 골절을 당하기 쉽다. 결과적으로 그리 높지도 않은 발판에서 떨어져 팔이나 다리가 부러지는 큰 부상을 입는 것이다. 사고 기록 데이터베이스를 보면 척골 골절이나 대퇴골두 골절이라는 단어가 줄줄이 이어지는데, 아마 낙상의 과정도 거의 동일한 경우가 많을 것이다. 이에, 필자와 공동 연구를 진행한 나카지마 마사히토 씨는 이런 부위의 골절은 미식축구 선수가 사용하는 보호대를 입으면 막을 수 있으므로, 건설현장에서 보호대를 착용해야 한다고 말하기도 했다.

올바른 규칙을 제대로 지키게 하려면 작업자의 의식을 바꾸어야 한다. 규칙 준수는 자신의 건강과 안녕에 직결되는 일이라고 일깨우고, 누가 강요하지 않아도 스스로 규칙을 지킬 수 있다는 생각을 갖게 하고, 이런 생각을 스스로 실천하려는 의욕을 북돋아야 하는 것이다. 또 규칙을 지키면 안심하고 작업할 수 있어서 좋다는 점을 일깨워 스스로 규칙 준수에 만족하도록 해야 한다. 이 네 단계를 넘지 않으면 사람의 의식은 변하지 않는다. 이를 위해서는 높은 곳에서 뛰어내리는 훈련을 시키면서 추락 방지를 위한 규칙 준수를 직접 경험하게 하는 방법도 있다. 제2차 세계대전 당시 일본의 해군 대장이었던 야마모토 이소로쿠의 말대로, '바른 규칙을 준수하게 하고, 규칙을 말하고 들어보게 하고, 실제로 해보게 하고, 칭찬해주면 사람은 움직인다.' 이런 방식으로 가르쳐야 하는 것이다.

(6) 현장 감각과 통계 수치가 다른 이유는 무엇일까?[6]

어느 건설현장 게시판에 낙뢰에 주의하라는 포스터가 붙어있었다. 최근 가까운 현장에서 낙뢰 사고가 있었기에 붙인 것이라고 했다. 그러나 사고 건수로 봤을 때 낙뢰 사고의 위험도는 그 정도로 높지 않다. 현장에는 번개를 그린 낙뢰 주의 포스터보다는 추락 사고 방지 포스터를 붙이는 편이 효과적일 것이다.

이처럼 인간의 심리는 새로운 사건에 지나치게 주의를 집중하는 성향이 있다. 그래서 빈도가 낮은 낙뢰 사고를 지나치게 강렬하게 인식하고 실제 이상으로 큰 사건이라고 오인한 것이다. 안전에 관한 현장감각과 통계 데이터가 빗나가는 이유도 이런 종류의 오인과 오판이 쌓이고 쌓이기 때문이다.

착각에 속지 않으려면 사고 통계 데이터를 수집하여, 각 사고의 발생 건수와 피해의 크기를 숫자로 파악하는 수밖에 없다. 그리고

---

6 나카지마 마사히토, 가나자와 히로유키, 도바시 도시미, 나카타 도오루, 마츠이 도시히로 '노동 재해 요인으로서의 인지적 괴리 - 위험한 것과 위험하지 않다고 생각하는 것.' 〈일본 인간공학회지〉 제45권 특별호 (일본 인간공학회 제 50회 기념대회 강연집), pp. 350-351, (2009)

이를 위해서는 현장 사람들은 적극적으로 사건 관련 정보를 발신하고, 본부는 그것을 감이 아니라 정량적인 데이터로 수치화하여 현장에 환원하는 커뮤니케이션이 필요하다.

12. 칭찬을 통한 작업 과정의 개선

(1) 호손 효과를 발견하다

1924년, 미국 시카고 근교에 있는 웨스턴 일렉트릭사의 전기부품 조립공장(호손 공장)에서 한 실험이 진행되었다. 눈앞이 어두우면 섬세한 수작업을 하기 어려워진다는 생각에서, 어두운 조명 아래서 작업 속도가 얼마나 떨어지는지 알아보기로 한 것이다. 이 실험은 노동생산성 개선을 목적으로 발안된 것이었다. 관계자들은 조명이 밝을수록 작업이 순조롭게 진행된다는 자명한 이치를 입증하는 데이터를 얻고, 전등을 보급하여 공장의 생산성을 향상시킬 수 있으리라고 예상했다.

호손 공장의 작업 스타일은 큰 방에 나란히 놓인 책상에서 여러 작업자들이 묵묵히 전기부품을 조립하는 것이었다. 실험자는 작업자 집단 가운데 피험자를 몇 명 뽑아 어두운 별실에서 작업을 시켜보았다. 그런데 조명을 어둡게 할수록 작업 속도가 빨라지는 뜻밖

실험일	조명의 밝기	생산횟수
9월 13일	100	112
10월 25일	75	113
12월 6일	60	115
12월 27일	50	116
1월 17일	40	117
2월 28일	25	114
3월 1일	100	116

〈표 12-1〉 호손 실험의 결과

의 결과가 나왔다. 예상과는 정반대의 결과였다〈표 12-1〉.

밝혀진 바에 의하면, 피험자는 경력이 많은 사람들로 주목을 받았기 때문에 평소보다 더 열심히 일했다고 한다. 이 실험 이후. 주목을 받으면 인간의 작업 실행력이 변하는 현상을 호손 효과라고 부르게 되었다.

(2) 마음이 통하는 사람들이 성과를 낸다

예상외의 결과를 보고, 호손 실험 팀은 애초의 프로젝트 방침을 크게 바꿔서 인간의 심리적인 면을 조사하기로 하였다. 작업자들이 무엇을 생각하고 어떻게 커뮤니케이션을 하면서 작업을 추진하는지 인터뷰와 실험으로 알아본 것이다.

그 결과로 드러난 몇 가지 사실을 소개한다.

① 회사에서 공식적으로 정한 과장 → 반장 → 작업자 순의 상의하달식 지휘명령 체계 외에도 직장 내에는 또 다른 정보 전달 경로가 있다. 사실 작업의 최종준비와 조정은 마음이 통하는 사람들 사이의 상의에 의해 정해진다. 예를 들어, 공구가 하나밖에 없고 두 명이 동시에 써야 할 경우, 사용 순서는 그 둘 사이의 논의나 선배 격인 사람의 의사로 결정되는 것이다. 하지만 이미 말했듯이 이는 공식적인 지휘명령 체계는 아니다.

② 동료 간의 분위기가 좋으면 서로 염려하며 대기 시간을 줄이려고 협력하기 때문에 작업반의 작업 효율이 좋아진다. 동료 간의 의사소통과 조정이야말로 작업의 효율과 안전을 좌우하고 있는 만큼 공식적인 지휘명령만이 중요한 것은 아니다.

③ 작업자의 규칙 준수와 의욕 유지 여부는 동료 사이의 분위기에 따라 달라졌다. 그러므로 작업반이 안전을 경시하는 경향이 있으면 구성원을 교체하여 분위기를 새롭게 해야 한다. 특히 안전에 대해 안이한 선배가 있으면 그 집단의 기강이 해이해진다. 작업반을 잘 관찰하여 그러한 사람을 발견하면 다른 반의 구성원과 교체하는 것

이 효과적이다. 일본 전국 시대의 무장 오다 노부나가가 니죠죠(이조성) 건설현장에서 공사를 지휘할 때 어느 작업자가 지나가는 여성을 희롱했다고 한다. 노부나가는 그 사실을 알자마자 칼로 그를 죽였는데, 선교사 루이스 프로이스가 그 장면을 목격하고 기록을 남겼다. 이것은 잔인한 방법이지만, 작업자 집단의 기강을 유지하기 위한 그 시대 나름의 방편이었을 것이다.

④ 작업자 집단을 운영할 때는 백 명보다는 다섯 명 정도로 반을 구성하는 편이 효율적이다. 이때 작업자가 노르마(Norma: 노동이나 생산의 기준량)에 대한 보상에 매력을 느끼기 쉽기 때문이다. 이런 인센티브(Incentive: 근로 의욕을 높이는 유인책) 효과는 도요토미 히데요시의 일화에서도 볼 수 있다. 히데요시가 노부나가의 부하였을 때 성의 돌담을 쌓는 일을 맡게 되었다. 히데요시는 여러 작업자들을 몇 개의 반으로 나누고 각 반에 공구를 할당하였다. 그리고 가장 빠르게 일정 높이까지 쌓아 올린 반에게 보상을 하겠다고 선언했다. 그러자 작업반들이 서로 경합을 벌여 공사 전체가 빠르게 진행되었다. 노부나가와 히데요시의 차이를 알 수 있는 대목이다.

⑤ 종업원을 대상으로 회사에 대한 불만을 조사한 결과, 임금이나 대우보다는 작업의 준비나 환경에 관한 의견이 많았다. 헛수고가

많은 준비나 작업하기 어려운 환경은 종업원을 초조하게 만든다.

⑥ 작업준비의 설계에 관해 작업자가 자신의 의견을 말할 수 있으면 성과가 좋아진다. 어떤 직원이 "저 작업은 이렇게 하는 편이 좋은데…"라고 중얼거리듯 말해서 그 아이디어를 받아들였더니, 그 말을 한 당사자가 매우 열심히 일했다고 한다. 자신의 아이디어가 채용된 후에 일의 진행이 늦어지면 발안자는 얼굴이 붉어지게 된다. 즉, 발안자는 자신이 한 말에 책임을 지려는 인정 욕구 때문에 열심히 일하는 것이다. 작업자의 아이디어는 비록 100점 만점의 수준이 아니더라도 채용되면 현장의 사기를 올려서 결과적으로 100점 이상의 효과를 낼지 모른다. 또한 상부에서 100점짜리 아이디어를 줄 때보다 훨씬 큰 효과를 낼 때도 있을 것이다.

이러한 호손 효과는 100년 전 미국에 있던 한 공장의 이야기이기 때문에 반드시 보편적인 진리라고 할 수 없을지도 모른다. 하지만 우리 직장에도 해당하는 사항이 있지 않을까? 호손 실험 후 20년이 지나, 이 시대를 대표하는 경영학자 피터 드러커도 제너럴모터스(GM)에서 공장 관리에 관한 실태 조사를 하고 같은 결론을 얻었다. 이러한 점은 눈여겨봐야 할 것이다.

(3) 누군가가 보고 있으면 열심히 일할까?

호손 공장의 어느 작업실에서는 완성품을 정해진 장소에 올려놓으면 크게 '철컹' 하는 소리가 나도록 되어있었다. 작업자를 대상으로 청취 조사를 하니 그 소리는 하나의 제품이 완성된 증거이고, 일하는 사람에게 자랑스러운 순간이라는 대답이 나왔다. 이를 반영하듯 작업자는 동료들보다 철컹 소리를 더 많이 울리려고 경쟁했고, 그 작업실의 생산 속도는 빨라졌다.

그러나 누군가 작업자를 지켜보고 있다고 해서 꼭 생산성이 좋아지는 것은 아니다. 작업자 주시가 엉뚱한 결과를 낳는 경우도 있었다. 이를테면, 호손 효과가 역으로 나타날 수도 있는 것이다. 예전에 국철에서 생산성향상운동(통칭 마루세이 운동)을 실시한 적이 있었다. 소모적인 작업을 살피고 생산성을 개선하자는 취지였는데, 그 평가는 외부의 작업분석 전문가가 하는 것이었다. 언뜻 보면, 직장에서 작업자와 전문가가 함께 일한다는 점에서 호손 실험과 비슷했다.

그러나 마루세이 운동은 그들의 대립으로 노사관계가 험악해지고 생산성이 악화되어 실패로 끝났다. 작업자들은 전문가가 자신이 일하는 모습을 뚫어지게 쳐다보면서 "작업에 불필요한 과정이 있습니다"라는 등 쓸데없는 참견을 하는 일을 참을 수 없었던 것이다. 이렇듯 감점(減点)주의의 시선은 일을 하고자 하는 의욕을 꺾는다.

〈사진 12-1〉 호손 효과를 보여주는 개방형 주방

호손 효과는 자연스럽게 득점주의를 전제한 시선으로 긍정적 효과를 발휘하는 것이다. 예를 들어, 거리를 향해 주방을 개방해놓은 우동가게를 보자〈사진 12-1〉. 행인들은 조리사들이 우동을 만드는 과정을 보겠지만, 그 모습을 보고 어떤 인사평가 같은 것을 하지는 않는다. 그들은 기껏해야 조리사들의 숙달된 손놀림을 보고 감탄하며 즐거워하는 정도의 반응을 보인다. 하지만 우동을 만드는 조리사들은 지나가는 사람들의 시선을 의식하게 된다. 그리고 더욱 정성을 들이지 않으면 안 된다고 생각하고, 가능하면 더 좋은 모습을 보이려고 마음먹게 되는 것이다.

(4) 사적 감정을 경계하는 공평한 규칙을 만들어라

누군가가 작업자를 지켜보는 일이 중요하기는 하지만, 그 목적은 개인적 감정이나 친분과는 관계가 없다. 오히려 평가가 관리감독자의 감정이나 기호에 좌우되지 않아야 작업의 효율성이 올라간다는 점을 기억해야 한다.

기원전 5~3세기, 진나라는 중국의 전국 시대를 끝내고 천하를 통일한 나라였다. 그런데 진나라가 처음부터 강대국이었던 것은 아니고 오히려 약소국에 속했다. 진나라는 영토 대부분이 서부의 변경 지대에 위치하고 있어서 중앙에 비해 기술자나 장인의 수가 압도적으로 부족했다. 그래서 무기도 방패도 충분하게 만들 수 없었고, 그런 상황에서는 전쟁에 이길 수도 없었다.

진나라는 국치 이념으로 법가 사상을 도입하였는데, 법가 사상은 국정의 모든 일에 규칙을 정해 명문화하고 공평하고도 엄격하게 적용해야 한다는 원칙을 가지고 있었다.

진나라는 기술자와 무기의 부족을 해소하기 위해 가벼운 법률 위반을 한 사람에게는 벌로서 무기와 방패를 만들게 했다. 초보자가 빨리 무기를 만들기란 불가능하다는 사실을 감안해, 숙련공 제작 기간의 두 배 안에 완성시키는 것을 노르마로 정하였다. 하지만 그 분야에 문외한인 사람들이 많아 당연히 잘 만들지 못했고, 이에 따라 교습소를 설치하여 기술을 가르치게 되었다.

그리고 완성품에는 반드시 제작자의 이름을 새겨 넣어 조악한 제품을 만들면 그에 대한 책임을 지도록 했다. 기능이 우수한 사람과 작업에 태만한 사람이 있으면 명부에 적어 중앙정부에 보고하기도 했다. 이런 점으로 보아, 인재 육성과 감독이 조직적으로 행해졌음을 알 수 있다. 이렇게 해서 진나라는 장인이 없던 서부의 국경 지대에서 강대한 군대를 만들어낸 것이다.

이와 같이 규칙이 누구에게나 일정하게 적용되고, 그 운용 방법도 체계적이며, 관리감독자와 같이 권한을 가진 자의 개인적인 편애가 없는 상황이 작업자의 의욕을 높일 수 있다. 정에 호소해도 소용없음을 알면 담담히 일에 열중할 수밖에 없는 것이다.

(5) 사고율이 낮은 항공모함은 어떻게 운영될까?

같은 업종의 다른 회사와 비교하여 사고가 적은 조직은 어떤 차이가 있는 것일까? 이런 의문이 미 해군의 연구에서 밝혀졌다.

미 해군은 다수의 항공모함을 보유하고 있다. 항공모함은 위험한 직장이라고 할 수 있는데, 비행기가 북적거리는 비행갑판에 연료와 폭탄을 가득 실은 제트기가 돌진해오기 때문이다. 또 작업자는 그 바로 옆에서 분주하게 움직이며 일한다. 이런 환경에서는 정상에서 조금이라도 일탈하면 바로 대형 사고가 벌어진다.

그래서 항공모함은 아무리 적의 공격을 잘 막아낸다 해도 내부의 휴먼에러로 한순간에 자폭하게 될 수도 있다. 만약 실제로 이런 일이 발생한다면 정말 끔찍한 재앙이 될 것이다. 필자는 이런 일을 막는 방법을 조사하던 중에, 미 해군 항공모함 칼빈슨은 다른 항공모함에 비해 사고가 적다는 사실을 발견했다. 그리고 보다 자세한 조사를 통해 그 비결이 관리에 있음을 알게 되었다.

일례로, 칼빈슨함에서는 갑판에서 공구 하나가 없어져도 바로 상사에게 보고하라고 장려하고 있었다. 그리고 이 보고는 바로 함장에게까지 올라간다. 기껏해야 공구 하나에 야단이라고 할지 모르지만, 그것이 제트기 엔진 속으로 빨려 들어가면 순식간에 대폭발을 일으킬 수도 있다. 이 때문에 함장은 비행 중인 비행기에 안전을 위해 지상 기지나 다른 항공모함으로 대피하라고 지시를 내린다. 이렇게까지 하면 분명히 안전을 지킬 수 있을 것이다.

그러나 이러한 매뉴얼의 실현은 상당히 어려운 일이다. 일반적인 직장에서 실수를 한 작업자가 곧바로 자기 실수를 고백하는 일은 너무 이상적이고 비현실적인 이야기로 들릴 수 있다. 하물며 항공모함은 일일 유지 경비도 막대한 곳이다. 자신의 실수 때문에 비행이 중지되고 엄청난 비용이 낭비된다고 생각하면 좀처럼 보고할 용기가 나지 않을 것이다. '보고를 하면 심한 꾸중을 듣지 않을까,' '보고하지 않는다고 꼭 사고가 일어날까,' '사고가 일어나도 내 탓임이 발각되지 않을 수도 있을 텐데.' 이런 여러 생각이 스쳐 지나가고 결국엔 조용히 넘어가는 경우가 일반적일 것이다. 또 보통은 실수를 보고받는 측도 화를 내며 호통을 칠 것이다. 그러나 이런 실수를 보고하지 않으면 언젠가는 사고가 일어난다. 그래서 '보통'의 경우나 '일반적'인 경우에는 위험을 안고 가게 된다.

이와 달리 칼빈슨함은 보고를 장려하는 데 관리의 역점을 두고 있었다. 자신의 실수를 보고한 사람에게 화를 내지 않고 오히려 칭찬을 한다. 문제가 진정된 후에 실수를 고백한 작업자를 공식적인 자리에서 표창하는 것이다. 일반적인 직장이라면 질책을 할 문제에 대해 칼빈슨함은 상을 주고 있었다. 이렇게 가치관을 180도로 전환하여 안전을 '만들어내는' 것이다.

최근 일본에서도 일부 선각적인 기업에서 이러한 발상 전환의 사례를 보여주고 있다. 예를 들면, 안전 대회 등의 행사에서 사건 보고를 가장 많이 한 부서를 표창하는 일이 잦아지고 있는 것이다. 10년 전이었다면 사건이 가장 많은 부서는 일을 가장 못하는 집단이라며 질책을 받았을 것이다. 하지만 이제는 안전의 근본인 현장 정보를 알려준 공로자로서 칭찬하고 있다. 이것은 칼빈슨함의 관리 원칙과 맥락을 같이하는 생각이다.

(6) 부서의 틀을 뛰어넘어 일하라

호손 효과는 휴먼에러 측면에서 무시할 수 없는 현상이다. 안전 규칙 준수는 동료 사이의 분위기와 타인의 시선이 존재한다는 사실, 즉 호손 효과의 산물이다. 또한 작업자의 의견을 개선활동에 반영하면 작업 효과가 높아질 뿐만 아니라 작업자의 의욕이 높아지기도 한다.

결국 이것은 부서의 틀을 뛰어넘어, 서로 일하는 모습을 보고 의견을 교환하며 협력해야 함을 시사한다. 미국의 사우스웨스트 항공은 관리가 뛰어나기로 유명한데, 'Walk a mile in my shoes(나의 입장이 되어 보세요)'라는 사내 프로그램을 진행하고 있다. 이 프로그램은 직원들에게 하루 동안 다른 부서의 업무를 담당해보게 한다. 그렇게 하여 다른 부서 동료들의 사정을 알고, 의견을 교환하여 협력적인 분위기를 찾아가라는 것이다.

(7) 인간은 기계가 아니다[7]

호손 효과의 발견 전에는 작업자의 심리적인 면을 작업 효과와 결부하여 생각하는 일이 별로 없었다. 작업자의 심리는 일의 어려움과 임금의 많고 적음에만 관련되어있다고 곡해되기 일쑤였고, 일을 함으로써 느끼는 보람과의 관련성은 고려되지 않았다.

경제학에서는 일의 가치가 아닌 임금이 노동 의욕의 근원으로 설

---

7 참고문헌: 오하시, 다케바야시 《호손 실험의 연구》, 동문관출판(2008), 피터 드러커 《기업이란 무엇인가?》, 다이아몬드사(2005), A.F.P. Hulsewé, 〈Remnants of ch'in Law〉, Sinica Seidensia, No 17, Brill(1985), 칼 위크 외 《불확실성의 관리》, 다이아몬드사(2002)

명되어왔다. 그러나 호손 실험의 결과에서 알 수 있듯이, 사실 종업원들에게 임금은 그 정도로 확연한 관심거리가 아니다. 종업원은 오히려 작업의 용이성에 더 신경을 쓴다. 일의 능률이 올라가서 경영이 호전되면 임금도 상승하기 때문이다. 수용될지 어떨지도 모르는 임금 인상을 요구하기보다 먼저 눈앞의 문제를 개선할 생각을 하는 일이 당연할 것이다.

한편, 냉전 시대에는 호손 실험의 결과가 본래의 취지와 달리 이용되어서, 호손의 연구는 자본가에게 임금 억제의 구실을 주는 가짜 학문이라고 비판받은 적도 있었다. 그 후유증으로 호손의 이름은 아직도 그다지 알려져 있지 않다.

산업혁명기에는 일반적으로 공장에서 노동집약적으로 생산활동이 이루어졌다. 1776년, 아담 스미스는 《국부론》의 첫머리에서 공장의 라인 작업(컨베이어 시스템)에서 세세하게 공정을 나누면 효율이 압도적으로 좋아진다고 서술하고 있다. 분업을 하면 각 작업자가 자신이 담당하는 일에만 몰두하기 때문에, 일이 어렵지 않고 각 개인의 작업 숙달이 촉진된다는 것이다.

그리고 20세기가 되자, 과학적 관리법이나 과학적 작업 분석법이 보급되었다. 이는 스톱워치 등을 이용하여 작업의 한 동작 한 동작을 세세하게 계산하고, 쓸데없는 동작이 있으면 그것을 고쳐나가는 방법이다. 이 작업 개선법은 현재에도 자주 볼 수 있다.

그러나 분업을 극한까지 진행하여 단편화된 공정마다 효율적인 동작을 지정하는 일이 그저 좋다고만은 할 수 없다. 획일적인 동작을 오래 반복하면 작업자는 지루함을 느끼게 되고 단순한 실수도 많이 하게 된다. 또 지시만 따르고 자기 일에 창의적인 연구를 더하려는 의욕을 잃게 되기도 한다.

지금 일어나고 있는 휴먼에러의 배경에 혹시 호손 효과의 부재가 있는 것은 아닐까? 고도로 산업화된 현재 우리 사회에서는 작업자가 일을 해도 그 모습을 지켜봐 주는 사람이 없고, 작업 개선의 아이디어를 갖고 있어도 살릴 수 없는 경우가 많다. 더구나 성실하게 일하며 애써 개선안을 내도 아무 보람도 없고 기껏해야 좌절감과 분노만 느끼게 되는 일이 허다한 이런 상황에서는, 많은 사람들이 사고에 대한 저항력을 잃어갈 것이다.

제2장

사례로 살펴보는
휴먼에러 대책

안전한 환경을 조성하는 능력은

사고의 역사에 관한 지식의 양으로 결정된다고

해도 좋을 것이다. 대형 사고는 생각도 할 수 없는

원인에서 시작된다. 그런 사고는 과거의 유사 사고를

알고 있지 않는 한 자력으로 먼저 예상하기 힘들다.

설마가 사람 잡는다는 속담도 있지만, "설마 그런

일로 사고가 일어나리라고는 생각지도 못했다!"

라며 후회하기 전에 휴먼에러의

전형적인 사례를 알아두자.

1. 차량 출입구에서 일어나는 교통사고

(1) 왼쪽 차선에 내재된 위험성에 주의하라[8]

자동차로 이차선 도로를 달릴 때, 일반적으로 왼쪽 차선을 선택하는 경우가 많다. 오른쪽 차선에는 보통 저속으로 가는 버스나 오토바이가 달리고 정차 중인 차량도 있다. 그래서 방해되는 것이 별로 없는 왼쪽 차선을 택하는 일이 많은 것이다.

그러나 왼쪽 차선에는 독특한 위험성이 있다. 예를 들면, 전방 교차로의 좌회전 차량 때문에 잠시 차를 멈추려고 할 때를 생각해보자. 뒤따라오던 차가 앞의 상황을 판단하는 속도가 늦은 탓에 빠른 속도로 접근하다가, 급브레이크를 밟지 못해 추돌 사고를 일으킬 수도 있는 것이다.

또 간신히 충돌을 피했다고 해도 다른 후속 차량이 추돌해올 우려가 있다. 앞의 차가 브레이크를 밟으면 뒤의 차는 브레이크를 더 세게 밟아야 하는 경우가 많기 때문이다.

좌회전 전용선이 있는 큰 교차로도 아니고 신호등조차 없는 곳에서 좌회전하는 차도 많다. 그러므로 앞의 차가 갑자기 정지하는 위험이나 자신이 브레이크를 제때 밟더라도 후속 차량이 추돌해올 위

8　제2장의 (1)과 (2)는 독자의 이해를 돕기 위해 한국의 도로 실정에 맞게 바꾸어 설명했다. – 옮긴이

험을 생각하면, 왼쪽 차선을 무턱대고 빨리 달리는 것이 얼마나 무모한 일인지 알 수 있다.

(2) 예상치 못한 끼어들기로 사고가 일어나다

차량이 도로변에서 도로의 본선으로 들어갈 때 보통은 오른쪽 차선에서 진입한다. 그러나 매우 드물게 왼쪽 차선에서 끼어들기를 하는 경우가 있다.

원래 왼쪽 차선은 차량이 빠른 속도로 운행하는 경우가 많기 때문에 거기서부터 끼어드는 차는 별로 없다. 그러나 번잡한 도심의 도로에서는 부득이하게 왼쪽 차선에서 차가 끼어들 때도 있다.

여기에서 소개하는 사고는 왼쪽 차선이자 도로변에서 끼어들기를 하는 특수한 상황에서 일어난 것이다.

사고현장은 고속도로를 끼고 상하행선이 나란히 달리는 좁은 국도이다〈도형 13-1〉. 각각의 국도는 편도 이차선이고 교차로는 적어서 결국 차량이 고속도로에서처럼 빨리 달리게 되는 경향이 있었다. 또한 이곳에는 고속도로에서 막 빠져나온 차량이 많았는데, 이런 차량들이 고속도로를 달리는 동안 감각이 무뎌져 속도를 줄이지 않고 달려오기도 했다.

당시 이곳에서는 국도 상행선과 고속도로 사이에서 공사가 진행되고 있었는데, 공사 관계 차량은 국도의 왼쪽 차선으로 출입했다.

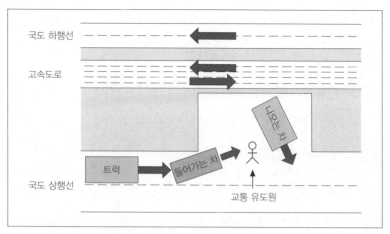

〈도형 13-1〉 고속도로 끼어들기 사고 상황도

  사고는 공사현장에서 나오던 차량이 교통 유도원의 지시에 따라 국도로 진입하면서 벌어졌다. 공사현장으로 들어오려던 다른 관계 차량이 유도원의 신호로 출입구 약 15미터 앞에서 멈추었다가, 그 뒤를 달려오던 트럭에 추돌당한 것이다. 트럭 운전자는 그때 한눈을 팔며 운전했다고 한다. 그리고 유도원은 연쇄 추돌 차량 사이에 끼어 사망하였다.

(3) 사고 후에 어떤 안전 대책이 생겼을까?

  앞서 언급한 사고 이후 재발 방지를 위하여 출입구 부근에 다음과 같은 안전 대책이 추가되었다.

  첫 번째, 공사현장 출입구의 예고를 눈에 띄게 만들었다. 국도의 왼쪽 차선을 따라 출입구 앞 150미터부터 일정 간격으로 전광표시를 설치한 것이다. 또 기존에 설치한 표시에도 전등을 추가하고 보다 눈에 잘 띄게 했다. 또한 공사현장으로 들어가는 차량은 출입구 100미터 앞에서부터 비상등을 켜고 감속해야 한다는 규칙도 정했다. 이렇게 해서 후속 차량이 전방에 공사현장 출입구가 있다는 사실을 알 수 있게 했다.

두 번째, 출입 절차를 엄격화했다. 우선, 공사현장에서 나오는 차량은 일정 위치에서 일단 정지하도록 하였다. 현장으로 들어오는 차량을 방해하지 않을만한 위치에서 대기하도록 한 것이다. 또한 들어오는 차량은 사전에 교통 유도원에게 연락을 취해서 차량 출입이 겹치지 않도록 조정하였다. 이에 따라, 출입하는 차량이 부딪치지 않고 순조롭게 일이 진행될 수 있었다. 이런 개선이 이루어지자 교통 유도원도 정신적 부담을 줄이고 일할 수 있게 되었다.

원래 안전을 위해 대책을 세웠는데, 효율 향상이라는 긍정적인 부차적 효과까지 얻은 셈이다. '안전 대책은 비용과 노력만 들고 이익을 내지 못한다'는 말은 오해이다.

(4) 교통안전의 비결을 알아보자

교통사고가 일어나는 이유를 규명해보면 사고를 피하려던 차량의 조작이 제대로 작동하지 않았다는 결론에 다다른다. 이런 상황에 처하지 않으려면 위험을 빨리 알아차려야 한다. 즉, 사고 전에 위험을 인지하고 앞의 상황을 예측할 수 있어야 하는 것이다.

또한 브레이크를 밟는 것이 뒤늦은 처사가 되지 않도록 시간적·공간적 여유를 늘리는 일도 중요하다. 다시 말해, 기본적으로 속도는 줄이고 차량 간 거리는 넓혀야 한다.

안전을 확인하는 순서는 고정적 행동으로 몸에 익혀야 더 효과적으로 기억할 수 있다. 예를 들어, 메이저리그 야구선수 이치로가 타석에 서면 늘 방망이를 똑바로 세우는 행동을 하듯이, 교차로에서는 언제나 같은 동작으로 좌우를 확인하는 습관을 들이도록 하자.

이 사례의 교훈

안전한 작업 환경은 작업의 효율성도 높여준다. 안전 대책에 드는 비용은 낭비가 아니라 실리를 높이는 투자이다.

2. 끼이는 사고

(1) 유모차에 손가락이 끼이는 사고가 일어나다

유아용 제품으로 유명한 어느 회사에서 쇠로 된 장식이 달린 유모차를 출시했는데, 어린아이가 그 장식에 손이 끼이는 사고가 연이어 일어났다. 심한 경우에는 손가락이 부러지는 피해도 있었다. 소비자청(우리나라의 소비자보호원에 해당)에 의하면, 2011년 9월까지 이런 사고가 모두 11건이나 일어났다. 그래서 소비자청은 매스컴 보도와 그 외의 방법으로 거듭 주의를 환기하고 있었다.

사고에 대한 주의 환기가 있고 나서 얼마 지나지 않은 어느 날 지하철을 탔는데, 지하철 한 칸 안에서 유모차 세 대를 보았다. 그런데 놀랍게도 모두 그 회사의 제품이었다. 이 유모차는 접이식으로 크기를 아주 작게 만들 수 있기 때문에 인기가 많았던 것이다.

부모들은 자식의 안전과 건강에 지나칠 정도로 신경을 쓰는 경향이 있다고 할 수 있다. 그런데 그렇게 걱정을 하면서 소비자청의 정보를 확인하려는 생각은 하지 못했던 것일까? 소비자청에서는 2009년부터 '사고에서 어린이를 지키자!'라는 프로젝트를 수립하고 전자메일을 발송하는 등 적극적인 정보알림 활동을 벌이고 있었다. 그럼에도 이렇게 위험에 대한 인식은 여전히 부족한 형편이었다.

(2) 사고의 배경과 원인을 제대로 전달해야 한다

사고의 진상은 주의를 환기시키는 문서를 한 번 보는 것만으로는 충분히 이해하기 어려울 수도 있다. 유모차에 손가락이 끼이는 사고만 해도, 그 피해자가 유모차에 타고 있던 유아일 것이라고 생각하기 쉽다. 하지만 사고는 유모차의 개폐 동작을 할 때 일어났는데, 유아가 타고 있는 상태에서 그런 동작을 할 리는 없다.

실제로 사고는 접혀있던 유모차를 펼 때에 일어나고 있다. 아이들은 변신 합체 로보트 장난감을 좋아해서, 신기하게 접히고 펼쳐지는 유모차에도 흥미를 갖기 쉽다. 그래서 부모가 유모차를 펼 때나 접을 때 아이가 옆으로 다가와서 손을 뻗었다가 쇠 장식 부분에 손이 끼어버리는 것이다.

유모차를 사용하는 유아는 아직 잘 서거나 걷지 못하기 때문에 부모가 유모차를 개폐할 때 옆에 올 수 없을 테지만, 그 아이의 형이나 누나라면 상황이 달라진다. 그러므로 이런 사고를 방지하려면 오히려 유모차를 사용하지 않는 어린아이들에게 더 세심한 주의를 기울여야 한다.

잦은 사고의 위험은 의외의 곳에 있다. 사고의 진정한 배경을 모르면 위험의 크고 작음을 제대로 감지할 수 없고, 무엇에 주의를 기울여야 하는지 알 수가 없다. 그러므로 단순한 위험의 고지만으로는 그 안내를 받는 사람이 사고를 예방하도록 하기 어렵다.

(3) 전동침대에 팔이 끼이는 사고가 일어나다

병원에서 사용하는 전동식 침대에 환자의 신체 일부가 끼이는 사고도 연속하여 발생하고 있다. 침대의 가장자리에는 낙상 방지용 칸막이가 둘러져 있다. 이 틈새에 환자의 팔이 들어간 상태에서 침대를 세우면 단두대에 목 대신 팔이 끼인 모양이 돼버리는 것이다.

문제는 칸막이 틈새가 팔이 쏙 들어갈 정도로 넓다는 것이었다.

또한 칸막이의 소재도 가벼운 금속제가 아니라 유연하고 탄력 있는 것이라면 환자가 크게 다치는 일이 없을 것이다. 칸막이는 전동식 침대용이 아닌 일반 침대용이 그대로 사용되고 있는데, 전동침대를 개발할 때 이 점이 위험이 되리라고는 미처 생각하지 못한듯하다.

최신 모델의 전동침대는 칸막이 틈새가 넓지 않게 설계되어 위험이 줄기는 했으나, 구형이 여전히 사용되고 있어 환자에게 틈새를 막고 사용하도록 주의를 주고 있다.

(4) 끼이는 사고는 왜 일어날까?[9]

이렇게 신체나 신체의 일부가 좁은 공간에 끼이는 사고에는 공통점이 있다.

① 피해자 이외의 동력

유모차 사고에서 잡는 힘을 내는 주체는 부모이고 전동침대 사고에서는 침대의 모터이다. 피해자 자신이 동력의 주체라면 아프다고 느낄 때 바로 움직임을 멈추어 큰 부상을 입지 않을 것이다. 하지만 끼이는 사고에서 동력원은 다른 사람인 경우가 많기 때문에 피해가 커지는 경향이 있다.

---

9 참고문헌: 일본의료기기능평가기구 〈의료사고 정보수집 등 사업 의료안전정보 No. 81〉 (2013. 8)

② 사고 유발 기구의 존재

쇠 장식이나, 구멍, 움직이는 기구 등으로 인해 끼이는 사고가 일어난다. 사고를 막으려면 이러한 기구를 아예 없애든가, 이에 신체가 닿지 않도록 거리를 두어야 한다. 또한 기계 사용 전에는 끼이는 위험이 있지는 않은지 주의하여 리스크를 검사해야 한다.

③ 예기치 못한 위험

기계 사용상의 리스크는 기계의 설계자가 검사해야 하는데, 이러한 리스크 검사가 완전히 철저하지는 않다. 유모차의 경우, 누구도 끼이는 부위에 일부러 손을 가져다 대지 않고 또 앞으로도 그럴 일은 없으리라고 생각했을 것이다. 이렇게 리스크 검사에서도 잠재된 위험을 과소평가하는 경향이 있다. 호기심이 왕성한 어린아이가 손을 뻗을 수도 있다는 의외의 가능성을 생각하지 못하는 것이다. 설계자는 완벽하지 않다. 그러므로 사용자는 기계가 리스크 검사를 통과했으니 안전할 것이라고 과신하지 말고, 자발적으로 숨은 위험을 생각해가면서 기계를 이용해야 한다.

④ 돌연 강해지는 마찰

기둥에 끈을 한 번 감고 잡아당기면 간단하게 풀린다. 그러나 세 번 감으면 당겨도 꿈적하지 않는다. 이렇게 마찰력은 조건이 조금만 변해도 비약적으로 강해지는 성질이 있다.

끼이는 사고에서도 이처럼 어떤 순간 갑자기 마찰이 강해져서 더 큰 피해가 발생한다. 신체 일부가 강하게 붙들리면 예리한 부분에 끼이지 않았더라도 절단에까지 이를 수 있다. 주의를 기울인다면 어딘가에 끼이기 전에 반사적으로 팔다리 등을 거두어들일 것이다. 하지만 인간은 종종 방심을 하기 때문에 이런 일이 일어나는 것이다.

이 사례의 교훈

반복되는 사고는 그 진상에 의외성이 있다. 그러므로 피해 상황뿐만 아니라 반드시 사고의 경과에 대한 설명이 필요하다.

3. 대학입학시험문제지 배포 시에 일어난 실수

_큰 사고의 원인이 된 여러 가지 문제

2012년 1월 14일에 치러진 대학입시센터시험(일본의 대학입학 수능시험)에서는 감독자가 사회과 시험 문제지를 제대로 배포하지 않는 사고가 일어났다. 이런 일은 전국 58개 시험장에서 일어나 4천여 명 이상의 수험생에게 피해를 끼쳤다. 그때까지 전무했던 사고가 갑자기 동시다발적으로 일어난 것이다. 그렇다면 이것은 그 원인이 각 감독관 개인이 아니라 운영 방식에 있다고 할 수밖에 없는 문제였다.

　실제로 조사를 해보니, 이 사고 배후에는 실로 여러 가지 뒷사정이 얽혀있었다.

① **교과목 이름의 문제**

　편의상 '사회과'라고 썼지만, 이는 정식 이름이 아니다. 정식으로는 '지리역사'와 '공민'이라고 부른다. '사회'라는 큰 범주로 묶을 수 있다는 이유로 이 두 교과목 이름을 함께 기재하고 있는데, 지리역사는 또 '지리'와 '역사'의 병기이므로 더욱 혼동하기 쉽다.

　그 전해까지 지리역사와 공민은 완전히 다른 분류에 속했다. 그것을 그해부터 한 범위 안으로 묶은 것이다. 하지만 그러면서도 그 이름을 '사회과'로 일원화하지는 않았다. 사회는 초등교육에 개설된 교과이고 고교에는 해당되지 않는다는 방침이 있었기 때문이다.

　혼동의 문제를 이야기할 때 '교과'와 '과목'도 빼놓을 수 없다. 대학입학 수능시험에서 이 두 단어는 의미가 다르다. 지리역사는 교과의 하나이고, 그 밑에 세계사 등의 과목이 속한다. 이는 쉽게 생각하여 대분류와 소분류로 볼 수 있으므로, 이렇게 부른다면 혼동이 줄어들 것이다. 하지만 공적인 기관에서 사용하는 호칭은 간단하게 바꾸기가 힘들다. 그를 위해서는 법률 개정이 필요하기 때문이다.

② 전후 순서의 고정

사회과는 최대 두 과목을 선택해 시험을 볼 수 있기 때문에 시험 시간도 당연히 두 과목분이 주어진다. 지망 대학이 한 과목 성적만 요구하더라도 수험생은 두 과목을 골라 시험을 치를 수 있다. 하지만 그렇다고 실제로 한 과목 성적이 필요한 학생이 두 과목 시험을 다 보는 경우는 별로 없다. 이들은 보통 사회과 시간에 한 과목 시험만 치른다.

결국 두 과목분 시간을 이용하여 여유 있게 한 과목을 풀고, 좋은 성적을 받아 지망 대학을 고르는 것이다. 이것은 반칙이라고 할 수 있다. 그런데 사회과 시험 시간에는 두 과목의 시험지를 나누어주기 때문에 둘 다 풀어야 하는 것처럼 보인다.

이러한 부정과 혼동을 막기 위해 사회과 시험은 복잡한 방식을 취하고 있는데, 그 골자는 시간의 융통성을 허락하지 않는 것이다. 즉, 수험생은 의무적으로 사회과 시간의 전반에 한 과목을 풀고, 그 시간이 경과하면 해답지를 제출해야 한다.

이렇게 시험 시간 전반부에 시험을 치르는 과목을 '제1 과목'이라고 하는데, 한 과목 시험 성적을 요구하는 대학은 이 제1 과목의 성적만을 인정한다. 그렇다면 제1 과목이라는 이름에는 중대한 의미가 담겨있다고 볼 수 있다. 그런데 그에 비해 명칭 자체가 너무 평범하게 들리므로, '성적 우선 사용 과목' 등으로 칭하여 그 의미의 중요성을 표현하는 것이 좋겠다.

아무튼, 사회과 시험은 그 전해까지는 아주 단순한 방식으로 운영되었다. 첫 번째 시간에는 지리역사 중 한 과목을 풀고, 두 번째 시간에는 공민 중 한 과목을 푸는 식이었던 것이다. 하지만 이 방식에 따르자면, 역사 교과를 선호하는 수험생이 세계사A와 일본사A 중 한 과목은 포기하고 한쪽만 택해야 했다. 이런 점에 대한 불만 때문에 제도가 개정되었고, 그해에 바뀐 제도가 처음으로 시행되었다〈표 15-1〉.

그런데 많은 시험 감독관이 새로 바뀐 제도에 대해 잘 모르고 있었다. 그래서 사회과 시험이 시작되었을 때 지리역사 문제지만 나누어주었다. 공민 중 시험 과목을 선택한 수험생들이 공민 시험지도 나누어달라고 했지만, 감독관은 공민은 두 번째 시간이라며 귀담아듣지 않았다. 그래서 공민을 제1 과목으로 택했던 수험생이 시

	첫 번째 시간	두 번째 시간
2011년 방식	지리역사 중 1과목 수험	공민 중 1과목 수험
2012년 방식	• 2과목 수험생만이 사회과 전체에서 1과목을 수험 • 공민 중 선택도 가능	• 1과목 수험생도 사회과 전체에서 1과목 수험 • 2과목 수험생은 과목 선택 시 세칙에 따라야 함 • 수험 상황에 따라 성적 사용이 불가능함
지리역사		공민
과목 : ①세계사 A ②세계사 B ③일본사 A ④일본사 B ⑤지리 A ⑥지리 B		과목 : ①현대사회 ②윤리 ③정치·경제 ④윤리, 정치·경제 (④는 2012년부터 추가)

〈표 15-1〉 대학입학 수능시험 과목의 선택

험을 볼 수 없게 되었다. 이 정도 상황이 되면 수험생들이 강력하게 항의를 했을 법도 한데, 그렇게 하지 않은 것인지 감독관이 일축한 것인지 알 수가 없다. 감독관은 아마 이에 대해 자신은 잘못이 없다고 딱 잘라 항변할 수 없을 것이다.

그런데 그 전해에 치러진 대학입학 수능시험에서는 인터넷을 이용한 부정행위로 대소동이 났었다. 한 수험생이 휴대전화를 이용해 인터넷 게시판에 문제를 올리고 답을 알려달라고 한 것이다. 이런 문제가 있었기에 감독관들은 한층 더 신경을 곤두세우고 있었다. 그런 상황에서는 제1 과목과 같이, 얼핏 부정행위를 하기 쉬워 보이는 아슬아슬한 과정을 거치는 제도가 무척 미심쩍게 여겨졌을 것이다. 그래서 제도가 변경되었다는 생각은 전혀 하지 못하고 수험생들의 요구를 거절한 것으로 보인다.

③ 불충분한 준비 과정

그해부터 사회과 시험은 더욱 복잡한 형태로 치러지게 되었는데, 그 시험일이 하필이면 대학입학 수능시험일 첫날이었다. 시험을 감독하는 대학의 교수 등은 수업으로 바빠서, 수능시험의 복잡한 시스템에 대해 제대로 파악할 시간이 없는 경우가 많다.

그래서 비교적 시험 방식이 단순한 교과목을 수능시험일 초반에 배치하여 감독관과 수험생이 시험 규칙과 절차에 익숙해지도록 하는데, 전년도까지는 그것이 사회과였다. 그런데 그 시간표가 제도가 바뀐 해에도 그대로 적용되어 문제가 생긴 것이다.

혹자는 사회과 시험 절차의 복잡성을 고려하여 시험 시간을 첫째 날 오후로 옮기자는 제안을 할 수도 있을 것이다. 하지만 첫째 날 오후에는 외국어 시험이 있다. 외국어 시험은 청취 시험을 포함하는데, 기재 고장 시에는 저녁까지 수험생을 기다리게 하더라도 기재를 교환해 다시 시험을 진행한다. 결국 오후 시간은 외국어 시험을 위해 비워두어야 하므로, 사회과 시험 시간을 옮길 수는 없는 것이다.

이 사례의 교훈

작업에 익숙하지 않은 인원을 대량으로 동원하는 일은 철저하게 단순해야 한다. 그렇지 않으면 문제가 일어나기 쉽다. 이때, 특히 명칭은 사물의 성질을 잘 나타내도록 정해야 한다.

4. 식품공장에서 일어나는 사고

(1) 롤러에 손이 끼이는 사고를 방지하라

어느 우동 공장은 우동을 뽑을 때 압연롤러 장치를 사용하는데, 이 롤러에 작업자가 손을 다치는 사고가 가끔 일어난다고 한다. 물론 롤러 안으로 손을 넣는 행위는 규칙으로 금하고 있고, 손이 닿지 않도록 커버도 씌워놓았지만 그런데도 사고가 끊이지 않는다는 것이다.

롤러에 손이 끼이는 사고는 다른 업종에서도 많이 일어난다. 광산에서는 광석을 나르는 벨트 컨베이어에, 화학공장에서는 약품을 나르는 벨트 컨베이어에 손이 끼이는 것이다. 전류가 통하는 장치 때문에 피해를 입는 감전 사고 역시 접촉에 유의해야 하는 곳에 신체가 닿아 일어난다.

왜 사람은 위험한 곳에 접촉하는 것일까? 이것은 본능 때문이라고 말할 수밖에 없다. 사고의 과정을 거쳐 어떤 판단을 할 틈도 없이 반사적인 행동이 나오는 것이다. 그래서 우동 공장의 작업자는 압연롤러가 더러워지면 자기도 모르게 손을 뻗어 사고를 당한다.

가성소다를 취급하는 화학공장에서도 같은 이유로 사고가 일어난다. 가성소다는 공기 중 습기를 흡수하여 녹는 성질이 있어서 롤러에 얼룩을 남긴다. 그러면 작업자는 가동 중인 롤러가 위험하다는 사실을 순간적으로 잊고, 그 오염을 제거하려다가 그만 손이 말려들어가는 사고를 당하는 것이다.

손을 대는 본능을 이성으로 방지할 수는 없을까? 필자는 대화를 할 때 무의식적으로 몸짓, 손짓을 하는 버릇이 있다. 시각 장애가 있는 사람과 이야기할 때에는 제스처는 삼가고 말로만 대화하려고 노력하지만 어느새 다시 버릇이 나온다.

필자는 이 습관을 고치기 위해 양손에 뭔가를 계속해서 잡고 있는 연습을 한다. 손이 이렇게 쓸데없이 움직이는 이유는 할 일이 없기 때문이므로, 부주의한 동작을 할 틈이 없게 하려는 것이다.

옛날 사람들은 행사에 참가할 때 홀(笏)이나 부채를 들고 갔다. 또 노가쿠(일본의 가면 연극)에서 지우타이(대화 이외의 부분을 여럿이 같이 부르는 것)를 맡은 합창 파트는 노래를 할 때 부채를 쥔다. 그렇게 하면 노래에 기합이 들어가서, 자기도 모르게 몸짓, 손짓을 하는 일 없이 자세를 바르게 유지할 수 있기 때문이다.

(2) 재료 배합이 잘못되는 사고를 방지하라

우동 재료의 배합을 잘못하는 실수도 많다.

최근 식품업계에서는 독자적인 브랜드 제품의 시장 점유율이 크다. 이 공장에서도 주로 자사 브랜드의 우동을 만드는데, 규모가 큰 업체의 제품도 하청을 받아 여러 종류 생산해내고 있었다. 그런데 우동도 제품에 따라 재료 배합의 비율에 다소 차이가 나서 혼동하기가 쉽다. 미묘한 차이에 맛이 크게 달라지지는 않기 때문에, 이것은 큰 문제가 아니라고 생각할 수도 있다. 하지만 뜻밖에도 식품업계에서는 배합 시의 실수를 매우 경계하고 있었다. 그 이유는 알레르기 사고의 가능성 때문이었다. 제품에 알레르기 유발 물질이 섞였는데, 혹시라도 그에 반응하는 체질을 가진 사람이 그 제품을 먹는다면 최악의 경우에 사망할 수도 있다. 그래서 제품의 성분 표시에 기재되지 않은 물질을 재료로 혼합하는 일이 금지되어있는 것이다.

이 공장에서 일하는 작업 숙련자에게 재료를 잘못 배합하는 실수를 막는 방법을 물었더니, 그는 이렇게 대답했다. "실수를 하는 사람은 재료를 따로따로 우동 반죽기에 넣습니다. 그러면 일도 많아지고 어수선해져서 투입 전에 재료를 다시 살펴볼 수가 없어요. 나는 트레이(Tray: 접시나 납작한 상자)를 사용하는데, 재료들을 이 트레이에 올려놓고 모두 적량으로 준비했는지 한눈에 확인합니다. 이렇게 하면 실수가 없지요."

역시 일단 멈추고 살펴보는 일이 중요하다. 이때 우동 재료를 놓는 트레이가 관문 역할을 맡아, 재료가 모두 정확히 준비되기 전에 다음 단계로 나가지 않도록 하는 것이다. 검토와 확인을 위해 트레이라는 도구를 하나의 기준으로 삼아 작업에 단락을 지은 셈이다.

이와 비슷한 방법으로는 '타임아웃(Time-out: 작업의 일시적 중단)'이 있다. 이는 일이 계류 중인 상황에서 작전회의를 위해 일단 '타임'을 부르는 것이다. 예를 들어, 수술 중에 문제가 생기면 수술진은 해결을 위해 상의를 해야 한다. 이럴 때 수술을 하던 자세 그대로 수술대를 둘러싸고 이야기를 해서는 집중이 되지 않는다. 그래서 일단 수술대에서 조금 떨어진 자리로 가서 주의 깊고 냉정하게, 넓은 관점으로 문제 해결을 도모할 수 있도록 하는 것이다. 이것이 바로 타임아웃의 효과이다.

타임아웃은 천천히 진행되는 이상을 감지하는 데도 효과가 있다. 크레인으로 짐을 들어올리는 작업에 타임아웃을 적용하면, 짐을 어느 정도 들어올린 단계에서 일단 동작을 멈추고 균형 등의 상태를 살펴보게 된다. 이렇게 하면 이상이 확대되거나, 이상이 있는 상태로 작업이 진행되는 일을 막을 수 있다.

오래된 관습에는 단락이나 타임아웃이 많다. 예를 들어, 활을 쏘는 동작은 사법팔절의 여덟 단락으로 구별되어있다. 단락마다 몸을 일단 고정하고 자기 자세가 정확한지, 이상은 없는지 다시 살펴보는 것이다.

보통 단락이 바뀌어도 멈추지 않고 일률적으로 작업을 진행해야 효율성이 높아진다고 생각한다. 이런 관점에서 보면 단락이나 타임아웃은 언뜻 비효과적이다. 그러나 예를 들어, 씨름 선수가 대기실에서 모래판까지 달려가 곧바로 상대와 겨뤄야 한다면 제대로 실력을 발휘하지 못할 것이다.

모든 일에는 시간을 두고 준비하는 작업이 있어야 집중력을 높이고 각오를 다질 수 있기 때문이다.

오랜 시간 적용과 개선을 거치며 전해진 관습에는 실수를 막는 아이디어가 가득하다. 관습을 배우고 단락의 여유를 가지는 데 대한 고마움을 아는 것도 안전 교육의 일환이다.

5. 선조물 관련 시고

(1) 철거 작업 시에는 철거물의 특성을 알아야 한다

일반적으로 알루미늄은 그저 가볍고 녹슬지 않는 편리한 소재로 생각된다. 하지만 알루미늄은 의외로 고에너지 물질로서 폭발하기 쉬운 위험한 금속이다. 필자가 소속한 산업기술종합연구소가 정리한 화재 데이터베이스에도 알루미늄 폭발 사고가 여러 건 기재되어 있다. 여기에서는 대표적인 사례를 살펴보려고 한다.

1986년 12월 27일 오후 2시경, 어느 알루미늄 가공업체의 폐건물 철거 작업 중 폭발화재 사고가 일어나, 두 명이 사망하고 두 명이 크게 다치는 일이 벌어졌다.

추석명절과 연말연시 기간에는 수리나 철거 작업이 집중되고, 그에 따라 사고도 특히 많이 일어난다. 일반적으로는 철거를 의뢰한 기업의 직원이 현장에 나오지만, 이 사고 현장에서는 철거업자만이 작업 진행을 하고 있었다. 철거는 그저 부수고 무너뜨리면 된다는 생각으로 작업의 품질 관리에 별로 신경을 쓰지 않는 것이 보통이다. 작업 중 사고 방지에 유의하고 폐기물 처리도 제대로 해야 한다는 의식이 희박한 것이다.

(2) 사소한 일에도 주의를 기울여야 한다

철거 대상 폐건물은 철골 슬레이트 구조였는데, 처음에 슬레이트 판을 자르는 작업을 할 때부터 문제가 생겼다. 지붕을 안쪽에서 보면 바로 사진 17-1과 같이 되어있었다(이것은 사고현장의 사진은 아니지만 자주 볼 수 있는 구조이다). 그런데 이렇게 지붕의 트러스로 사용된 C형강 안쪽에는 먼지가 쌓이기 쉽다.

역시 이 지붕의 트러스에도 먼지가 잔뜩 쌓여있었는데, 지붕 슬레이트 판을 절단기로 자르기 시작하자 당장 그 먼지에 불이 붙은

〈사진 17-1〉 지붕의 트러스로 자주 사용되는 C형강

것이다. 하지만 이때에는 곧 불길을 잡을 수 있었다. 쉽게 사태를 진정시킨 철거업자는 화재 발생의 리스크를 경시하고 절단 작업을 재개하였다. 그리고 결국 다시 불이 붙었고, 이번에는 대폭발 사고로 이어지고 말았다.

문제가 생겼을 때, 그 규모가 작다고 원인 파악을 제대로 하지 않은 것이 화근이었다. 더구나 즉흥적이고 부정확한 대응만 한 채 작업을 속행했으니 문제는 더욱 커질 수밖에 없었다. 이런 임시변통식 운영은 대형 사고로 가는 지름길인 것이다.

작은 문제는 보통 작업을 중단할만큼 큰 영향이나 피해를 끼치지 않기 때문에 사태를 경시하게 만든다. 하지만 그 뒤에 더 큰 위험이 숨어있을 수도 있다. 그러므로 '꺼진 불도 다시 보자'는 마음으로 사소한 사항도 확인하고, 작은 문제도 되풀이되지 않도록 해야 한다.

(3) 건조물 안의 상황을 파악해야 한다[10]

몇몇 물질은 물에 닿으면 폭발하는 성질이 있는데, 보통 그러한 물질은 '금수' 경고가 붙은 관리 구역에서 엄중하게 간수한다. 그래서 철거업자는 지붕 안에 쌓인 먼지가 위험물이 되리라고는 생각도 못했을 것이다.

---

10 참고문헌: 산업기술종합연구소 '관계형 화학재해 데이터베이스'(사고-D 7719) http://riodb.ibase.aist.go.jp/riscad/index.php

사고가 난 폐건물에는 낡은 알루미늄 조각 압축기계가 있고, 온 사방에 알루미늄 부스러기가 널려있었다. 그런데 보통 철거 작업 전에 작업자가 건물 안을 조사하는 일은 별로 없기 때문에, 이번에도 내부의 상황은 아무도 모르고 있었다.

알루미늄은 압축할 때에 미세한 분말이 생긴다. 그래서 압축기계가 가동되는 오랜 시간 동안 이런 분말이 공중을 떠다니다가, 지붕의 C형강 안에 쌓여있었던 것이다. 그런 상황에서 용접이나 절단 등의 작업을 하면 매우 위험하다.

그러나 처음에 불이 났을 때는 이산화탄소 소화기로 불길을 잡아 큰 피해가 없었다. 그런데 두 번째 화재에서 물을 뿌린 것이 치명적인 실수였다. 알루미늄 분말에 물이 닿자 수소가스가 발생했고, 그것이 대폭발을 일으켰기 때문이다.

건물 안의 상황이나 물질에 대해 잘 알고 있는 그 회사의 직원이 철거 현장에 있었다면, 이런 대형 사고가 일어나지는 않았을 것이다. 관계 직원이라면 첫 번째 화재에서 발견된 많은 양의 먼지가 위험 물질임을 알아차리고 적절한 조치를 취했을 것이기 때문이다.

현장에 이산화탄소 소화기라는 우수한 장비가 있었지만 그것을 사용하지 못한 점도 안타깝다. '구슬도 꿰어야 보배'라고 하듯이 아무리 진귀한 물건이 있어도 활용하지 않으면 소용이 없다. 첫 번째 화재에서는 사용한 이 소화기를 두 번째 화재에서 활용하지 못한 것이 사고 발생의 결정타가 되었다. 현장에 이산화탄소 소화기라는 특수한 도구가 있다면 분명 특수한 사정도 있으리라 짐작할 수 있다. 하지만 정확한 내용은 해당 회사 직원의 설명이 없다면 철거업 자로서는 알 수가 없는 일이다.

따라서 이 화재 대응과 관련한 실수는 리스크 커뮤니케이션의 실패에서 기인했다고 볼 수 있다. 리스크에 대해 아무 설명도 하지 않으면 상황을 모르는 작업자늘은 상식에 기초하여 판던하고 행동한다. '알루미늄은 타지 않으며 물은 불을 끄는 것이다.' 이런 생각은 보통 때는 유효하지만, 공업현장에서는 반드시 그렇다고 할 수가 없다. 이 사건은 특수한 상황에 적용한 일반적 상식이 치명적인 결과를 불러온 경우였다.

이 사례의 교훈

특수한 환경이나 상황에서도 일반적인 상식의 사용을 금하기는 상당히 어렵다. 그렇기 때문에 감독자가 입회하여 항상 지켜보아야 한다.

6. '설마'가 부른 추락 사고

(1) 상식은 생각만큼 상식적이지 않다

1991년, 히로시마 신교통시스템 건설현장에서 교량 일부가 굴러

떨어져 그 아래 도로를 지나던 자동차를 덮치는 사고가 일어났다. 이것은 굉장히 단순한 계기로 일어나 처참한 결과를 불러온 사고 중 특히 유명한 사례이다〈도형 18-1〉.

사고는 임시로 설치된 교량상판 높이를 작은 기중기를 이용하여 서서히 조정하는 작업을 하는 중에 일어났다. 기중기 받침대는 H형강을 세 단의 정(井)자 모양으로 가설해야 하는데도, 현장에서는 이(二)자 형으로 설치하는 데 그쳤던 것으로 드러났다. 여섯 개의 강철 빔을 정(井)자로 만들면 단단한 대가 되지만 이(二)자로 만들면 별로 소용이 없다. 작업자는 그러한 상식조차 생각하지 못했던 것이다. 당연한 일이지만 허술한 받침대는 힘을 부지하지 못했고, 그 결과 교량상판이 밑으로 굴러떨어지게 되었다.

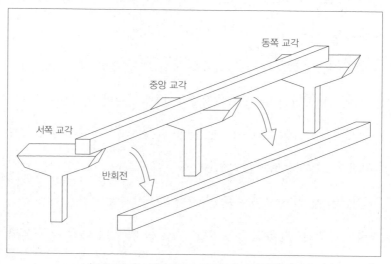

〈도형 18-1〉 히로시마 교통시스템 건설현장 사고

때로는 모두가 아는 상식이라 여겨지는 것도 모르는 사람이 있다. 그래서 아무렇지도 않게 잘못된 작업을 시행하여 큰 사고를 일으키기도 하는데, 이런 사례는 일일이 셀 수가 없을 정도이다.

(2) 섣부른 작업이 사고를 부른다

높은 곳에서 작업을 할 때 받침대로 사용하는 발판은 가장자리가 요철처럼 되어있다. 판과 판의 요철이 단단히 맞물려 서로 연결되면, 넓은 평면의 강판이 만들어지는 것이다.

예전에 다리 점검 작업 중에 추락 사고가 일어난 적이 있었다. 이때 작업자들은 먼저 평면 발판을 만들기 위해 작업장의 양쪽 끝에서부터 판을 깔았다. 그런데 한가운데에 이르러 판을 잘못 맞춘 것을 알게 되었다. 판과 판의 가장자리가 요(凹)와 철(凸)의 모양으로 맞물려야 하는데, 같은 모양 한 쌍이 마주보게 된 것이다.

작업자들은 그냥 그곳만 철사로 둘둘 말아 판을 연결시켜 점검 작업을 진행했다. (철사는 점검 작업에 필요한 물건이 아닌데 왜 그 장소에 있었는지 알 수가 없다. 어쩌면 이러한 얄팍한 보수 작업이 일반적으로 행해지고 있는지도 모른다.) 그런데 작업 후 발판을 제거할 때 그 철사 연결이 끊어져, 그 사이로 빠진 작업자가 사망하였다. 거기만 변칙적으로 만들어놓았던 것을 잊고, 다른 곳의 발판 해체 작업을 할 때처럼 주변의 판을 떼려고 하자 바닥이 빠져버린 것이다.

(3) 지역과 상황에 맞는 설계가 중요하다

2013년 여름 이후, 도쿄전력의 후쿠시마 제1 원자력발전소 사고 처리 현장에서 오염수 누수 사고가 발생했다는 보도가 연일 이어졌다. 오염수 처리용 설비 시설의 일부인 탱크의 고무패킹 틈새에서 누수, 용량 초과로 인한 유출, 작업 실수로 인한 분출 등이 발생한 것이다.

그런데 오염수탱크 주위에 설치된 보(洑)가 좀 이상했다. 탱크는 받침대 위에 설치되어있는데, 이 받침대는 오염수 누수 시 그 확산을 방지하는 둑의 역할을 한다. 그래서 오염수가 이 보 안에 있으면, 보의 칸막이를 열지 않는 한 당연히 밖으로 새나가지 않는다.

그런데 어이없게도 보의 칸막이가 평소에 열려있었다고 한다. 그렇게 보의 내부를 건조시키지 않으면 빗물이 고여서, 막상 탱크에서 오염수가 새도 알아차리기 어렵기 때문이라고 했다. 그런데 결과적으로, 그렇게 칸막이를 열어두었던 탓에 실제로 오염수가 새어나왔을 때 누수를 막을 수 없었다. 즉, 평소에나 비상시에나 보가 제대로 사용되지 못한 것이다.

이 사건에서 가장 이해할 수 없는 부분이 보 역할을 하는 받침대의 설계이다. 오목한 곳에는 빗물이 고인다. 그런데 탱크의 지붕은 빗물을 받지 않는 구조로 되어있기 때문에, 받침대에는 그만큼 빗물이 더 많이 고일 것이다. 그러므로 설계자는 비가 내리면 보에 금방 빗물이 차오르리라는 사실을 쉽게 예상할 수 있었을 것이다.

하지만 보의 높이는 일본의 강수량을 고려할 때 너무 낮았다. 설계자가 일본에는 비가 내리지 않는다고 생각했을 리도 없다. 그렇다면 별 생각 없이 사우디아라비아 등의 건조 지역이나 옥내 시설에 적합한 받침대 설계를 그대로 이용했을 가능성이 있다.

도쿄전력은 오염수탱크 설치 전에 그와 관련한 설계 자료를 원자력규제위원회에 제출했었다. 도쿄전력이나 위원회나 강한 지진에도 버텨내는 탱크를 만들기 위해서는 면밀한 고려를 했지만, 빗물에 대한 생각은 전혀 없었던 모양이다. 기껏해야 빗물이 대수냐고 할 수도 있지만 그 영향은 생각보다 컸다.

(4) 커뮤니케이션에 노력하라

설계자의 의도는 현장까지 잘 전해지지 않는다. '보는 방위선! 칸막이 열기 엄금!'이라고 쓴 간판을 보 옆에 세워두지 않으면, 현장의 상황과 경우에 따라 칸막이가 열리는 것이다. 그러므로 설계자는 현장에 나가 자신이 만든 기기·설비가 애초의 의도대로 사용되고 있는지 확인해봐야 한다. 히로시마의 교량상판 낙하 사고도 공법에 정통한 사람이 당시 현장에 있었다면 일어나지 않았을 것이다.

사용 조건을 고려하지 않은 설계가 그대로 적용되는 일을 방지하려면, 예를 들어 오염수탱크 보의 설계도의 경우에는 '사우디아라비아용' 등으로 사용 용도를 정확히 적어 넣어야 한다.

제2차 세계대전 중 미군의 장갑차 내부에는 '이 장갑차는 튼튼해서 일본군의 대포에는 뚫리지 않음'이라는 고지가 붙어있었다. 그래서 병사들은 자신감을 가지고 장갑차를 전진시킬 수 있었다고 한다. 이렇게 설계자가 직접 사용자에게 자신이 만든 기기 · 설비에 대해 설명하는 일은 중요하다.

이 사례의 교훈

공사가 있을 때에는 꼭 현장을 보고 입회하도록 한다. 자신의 상식과 작업자의 상식은 다르다.

7. 챌린저호 폭발 사고

(1) 패킹으로 게거품 문제를 막다

화학업계에서는 파이프의 이음목 등에서 액체가 부글거리며 새는 것을 '게거품 현상'이라고 한다. 이때 유출되는 액체의 양이 많지 않지만, 그래도 이것은 엄연한 사고이기 때문에 막아야 한다. 그러나 탱크나 파이프 안의 액체나 기체를 완전히 밀봉하는 것은 어려운 일이다. 새는 틈을 막으면 되지만 그 방법이 쉽지만은 않다. 예를 들어, 용접은 작업의 어려움 때문에 자주 이용하기 힘들다.

그래서 일반적으로 틈새에 고무패킹을 끼워 넣는 방법을 쓴다. 그런데 패킹은 압착이 일어나지 않도록 적당한 강도로 끼워야 한다. 지나치게 강하게 끼워 넣으면 탄성을 잃고 오히려 누수를 허용하게 되기 때문이다. 고무는 특히 저온에서 쉽게 탄성을 잃는 성질이 있다는 것도 고려해야 한다. 또, 내부 압력의 변동에 따라 용기가 변형되고, 이에 따라 패킹이 압착되는 정도가 같이 변하기도 한다. 이렇게 고무패킹으로 밀봉을 유지하는 일도 쉽지만은 않다.

이런 어려움은 차치하고, '단순히 틈새에 고무를 끼워 막는다'는 점에서 고무패킹 사용이 원시적인 방법으로 보일 수도 있다. 그러나 지금으로서는 이보다 더 나은 대안도 없기 때문에 계속 사용되고 있는 것이다.

우주왕복선 챌린저호에도 'O링'이라는 둥근 고무패킹이 사용되고 있었는데, 그 결함이 폭발 사고의 발단이 되었다.

(2) 공중 폭발이 TV로 중계되다

1986년 1월 28일, 미국 플로리다 주의 케네디 우주센터에서 쏘아 올린 챌린저호가 발사 직후 폭발하여 공중 분해되었다〈사진 19-1〉. 사고는 처음부터 끝까지 전 세계에 TV로 중계되어 미국의 위신을 크게 떨어뜨렸다. 게다가 몇 달 후 4월 26일에는 구소련 체르노빌

〈사진 19-1〉 챌린저호 폭발 사고

에서 원자력발전소 사고가 일어나, 1986년은 동서 양진영 사이에

벌어지던 기술 경쟁의 한계가 노출된 한 해가 되었다.

플로리다는 미국 남쪽 지역인데, 챌린저호를 발사한 날은 이상하

게 날씨가 추웠다. 그래서 부스터 로켓(Booster Rocket: 추력을 증진

하는 보조적 로켓 엔진)의 연료탱크에 사용되던 O링이 굳어 탄성을

유지하지 못했다. 사실, O링 제조사의 일부 관계자가 이런 현상에

대해 알렸지만, 그 경고가 무시되고 발사가 강행되었다고 한다.

또 내부압력의 영향으로 연료탱크에 변형이 생겨 이음새 부분이

뒤틀렸고, O링의 압착력도 크게 떨어졌다. 이렇게 해서 결국 연료 탱크에 틈이 생기고 그 사이로 액체 연료가 새는 사고가 일어난 것이다.

(3) 사고 조사가 이루어지다

챌린저호 폭발 사고 후 미국의 레이건 대통령은 직속 사고조사위원회를 조직했다. 위원들 중에는 노벨물리학상 수상자 리처드 파인만이 있었는데, 행동적이었던 그는 독자적으로 조사를 진행하였다. 그리고 사고의 원인은 단순한 부품 불량으로 한정할 수 없으며 오히려 관리에 더 큰 문제가 있었다는 사실을 밝혀냈다.

파인만은 현장과 현물(現物: 문제를 직접 확인하는 것. 보통 '현지현물'이라는 용어로 사용됨)을 중시했다. 그래서 주요 사고 원인으로 지목된 O링이 저온에서 굳는 성질이 있음을 실제로 보여주기 위해 O링을 지참하고 공개회의장에 갔다. 파인만은 진행 요원을 불러 '자기에게' 얼음물 한 잔을 가져다 달라고 했는데, 그 후 아무리 기다려도 감감무소식이었다. 그런데 회의가 끝나기 직전, 진행 요원이 위원들의 숫자에 맞춘 얼음물을 가지고 나타났다. 여러 잔의 얼음물을 준비하느라 시간이 걸렸던 것이다.

이렇게 작업 지시를 정확히 전달하기란 쉽지가 않다. 이런 점은 NASA(National Aeronautics and Space Agency: 미국 항공우주국)에 대한 조사에서도 드러났다.

부스터 로켓의 원통형 연료탱크는 일회용이 아니고, 발사 후에 바다로 떨어지면 회수하여 점검을 거친 뒤 재사용한다. 연료의 누수 방지에는 O링의 압축량이 가장 중요하기 때문에 360도 방향에서 연료탱크에 변형이 있는지 엄중하게 검사해야 한다. 그러나 실제로 검사는 단 세 방향에서 직경을 재고 끝난 것으로 드러났다. 사정이 이런데 사고가 일어나지 않았다면, 그 편이 더 이상했을지도 모른다. 이렇게 보수 담당자가 작업 절차를 제대로 따르지 않았기 때문에 휴먼에러가 일어난 것이다.

파인만은 NASA 고위 관계자에게 우주왕복선 발사의 실패 확률을 얼마로 추정하고 있느냐고 물었다. 담당자는 순간적으로 '제로'라고 대답했지만, 실제로 큰 사고가 일어난 후라 어폐가 있다고 생각했는지 '굳이 말하자면 10만분의 1'이라고 정정했다. 이 확률대로라면 우주왕복선을 매일 한 대씩 쏘아 올려도 사고는 300년에 한 번밖에 일어나지 않는다. 하지만 파인만은 기술자들의 의견은 200분의 1에서 300분의 1이었음을 지적하며, 현장의 확률과 경영진의 확률에 큰 차이가 있다는 사실을 짚었다. 즉, 10만분의 1이라고 하는 목표치가 어느새 현실의 수치로 오인되었던 것이다.

이러한 커뮤니케이션 부족과 리스크 분석 오용에 대한 지적은 파인만의 사고 조사보고서 내용 중에서도 특히 눈에 띄는 부분이다.

(4) 과소평가된 게거품 문제가 참사를 일으키다

챌린저호 폭발 사고의 원인이 된 게거품 문제를 해결할 수 없었던 것도 한편으로는 커뮤니케이션이 부족했기 때문이다. '게거품'이라는 다소 우스운 이름이 심각함을 가려서인지, 이 사고를 잘 모르는 사람은 게거품 문제를 그저 흔히 있는 일이라고 생각하는 경향이 있다.

하지만 이 문제는 사실 여러 기술적 문제가 얽힌 복잡한 현상이다. 그리고 설계에서 보수에 이르는 과정 내내 총력을 기울여 극복해야 할 중대사인 것이다.

이 사례의 교훈

최첨단 과학도 어떤 위험 요소의 대응에 있어서는 의외로 구식이므로, 과신하지 말고 약점을 파악해놓아야 한다. 얼핏 별것 아닌듯 보이는 위험이 가장 경계해야 할 위험이 될 때도 있다.

8. 방사선 치료기 관련 사고

(1) 다기능 기기가 사고를 부른다

기계나 부품은 단순히 하나의 성능을 가진 것이 좋을까, 아니면 두 가지 이상의 성능을 가진 것이 좋을까?

설계공학의 대가이자 매사추세츠 공과대학(MIT)의 교수를 역임한 서남표 박사는 사물은 각각 한 가지 기능에 충실하게 독립적으로 설계되어야 한다고 주장한다.

하나의 기계나 부품에 여러 기능을 부여하면 기능 간에 간섭이 일어나 사고가 발생할 수 있다는 것이다. '두 마리 토끼를 쫓으면 결국 한 마리도 못 잡는다'는 속담과 같은 이치이다. 또 다기능 기기는 조작자가 착각한 상태에서 조작해 사고를 일으킬 수도 있다.

다음 사례도 두 가지 성능을 가진 기계 작동상의 문제로 일어난 사고이다.

(2) 환자에게 허용치를 초과한 방사선을 쏘이다

방사선 치료기 세락-25가 일으킨 사고는 유명하다. 이 기계는 전자선과 X선이라는 두 종류의 방사선을 방출할 수 있었다. 일반적으로 방사선 치료기는 크기가 큰데, 세락-25는 두 가지 성능이 있었기 때문에 공간도 절약해주었다.

세락-25는 키보드의 'E'키를 누르면 전자선 모드가 되고, 'X' 키를 누르면 X선 모드가 되었다. 그런데 전자선은 X선에 비해 100배 이상 강해서 X선 대신 방출하면 치명적인 피해를 입히게 된다.

그런데 1980년대 미국에서 이 전자선에 의해 피해를 입는 사고가 연달아 일어났다. 세락-25의 오작동으로 환자들이 기준치를 초과한 전자선에 노출된 것이다. 이런 사고는 1985년 6월을 시작으로 1987년 1월까지 총 6건이 발생했고, 그중 4건의 피해자는 목숨까지 잃었다.

(3) '8초의 함정'이 사고를 일으키다

사고의 가장 큰 원인은 소프트웨어의 버그에 있었다. 조작자가 먼저 전자선 모드를 선택했다가 8초 안에 취소하고 X선 모드로 전환하면, 그 명령이 반영되지 않았던 것이다. 그래서 X선을 조사하려는데 전자선이 방출되는 일이 벌어졌다. 전자선과 X선은 에너지 차이가 무척 크고, 조작자의 방사선 선택 변경은 드문 일이 아니기 때문에 이것은 무척 치명적인 결함이었다.

그런데 이 결함은 첫 번째 설정 뒤 8초가 지나 취소 조작을 하면 나타나지 않았다. 제조사에서 출시 전에 문제를 발견하지 못한 것도 천천히 시운전을 했기 때문이었다. 만약 이때 전문가뿐 아니라 일반인까지 동원했다면, 일상적 사용에 가까운 시운전이 이루어져 오류를 찾아낼 수 있었을 것이다. 이렇듯 새로운 기기는 비전문가의 시운전이 없이는 안전성을 충분하게 평가할 수 없는 것이다.

(4) 버그는 현상을 왜곡한다

세락-25는 오류 작동 시 실제로는 전자선 모드인데 조작패널에는 X선 모드가 표시되었다. 조작패널 화면에는 사람이 입력하는 명령이 표시될 뿐이지, 그 명령의 실제적인 반영 여부가 표시되지는 않기 때문이다.

1979년에 사고를 일으킨 미국 스리마일 섬 원자력발전소 제어실 계기판도 실젯값이 아니라 단순한 명령을 표시하여, 작업자가 오해하기 쉽게 설계되어있었다. 여기에서도 밸브의 개폐를 나타내는 램프가 실제 개폐 상황이 아닌 입력된 명령을 표시했다. 이때문에 작업자는 밸브 조작이 불가능한데도 가능하다고 착각하여, 상황 파악을 크게 지연시키고 사고를 확대시키고 말았다.

세락-25에서 전자선을 쐬게 된 환자는 강력한 에너지에 격통을 느끼고 비명을 질렀다. 그러나 제어실에서 모니터 너머로 환자를 보던 조작자는 그런 사정을 알 수가 없었다. 심지어 고장으로 모니터를 사용하지 않았던 경우도 있었다.

사실 세락-25의 조작자에게 이상을 알려주는 정보가 아예 엇었던 것은 아니다. 화면상에 '오류 발생-54'라는 알림이 떴던 것이다. 54는 이상이 있음을 알리는 코드여서 이때는 방사선 조사를 하지 말아야 했다. 하지만 조작자가 이런 경고를 보고도 손수 기계를 재시동하여 다시 전자선을 쏘았던 사례도 있다.

원래 조금이라도 이상이 있으면 기계 자체가 방사선을 발사하지 않도록 하는 페일세이프(Fail-Safe: 기계 고장 시 안전을 확보하는 장치)가 설계 원칙으로 적용되어야 한다. 하지만 이 사례에서는 이 점이 완전히 무시되고 있었다. 또 이상 발견의 용이성을 높이기 위한 연구도 없었다. 이렇게 세락-25 사고는 처음부터 오류가 있는 기계와 취약한 사고 대책이 결합되어, 언제든 큰 사고가 생길 수 있는 상황에서 벌어진 것이다.

(5) 휴먼에러는 양산될 수 있다![11]

휴먼에러는 '제로'로 만들기는 어려워도 대량으로 일으키기는 쉽다. 이 사고와 같이 안전공학에서 위험을 경고하는 사항을 해결하지 않고 넘어가면 인간은 결국 실수를 저지르고 만다.

세락-25는 기계 자체와 사용에 다기능 설계, 버그 검증이 불완전한 소프트웨어, 불충분한 시운전, 의미 파악이 어려운 에러 메시지, 실제 현장 관찰의 부재 등 수많은 문제가 있었다. 이렇게나 많은 악조건을 고려하면 그나마 사고 건수가 비교적 적은 편이라고 할 수 있는데, 이것은 세락-25가 일반 제품이 아니라 의료 분야의 특수 기기였기 때문이다.

---

11 참고문헌: S. 케이시 《사고는 이렇게 시작된다》, 화학동인(1995), 실패의 지식 데이터베이스 'A-III형 소프트웨어의 결함에 의한 방사선치료기 사고' http:// www. sozogaku.com/fkd/cf/CA 0000496.html

> 결함은 또 다른 결함을 부른다. 설계상의 문제를 하나 발견하면 또 다른 결함이 있을지도 모른다는 의심을 해야 한다.

9. 시간을 착각한 방송 사고

(1) 방송국은 의외로 아날로그적이다

여기서는 한 지역 방송국에서 일어났던 방송 사고를 살펴보자.

사고의 무대는 방송국의 심장부 송신제어실로, 이곳의 주된 업무는 각 시간대에 정해진 프로그램을 내보내는 송출 전환 작업이다.

이러한 업무는 언뜻 쉬워 보이지만 의외로 관련 실수가 잦은데, 그 까닭은 업무 환경이 생각보다 자동화되어있지 않기 때문이다. 일반적으로 전환 작업의 반은 작업자가 손수 버튼을 눌러 해낸다. 이는 큰 사고나 재해 발생에 대비해 빠른 손놀림을 유지하기 위해서이다. 평소에 버튼을 잘못 누르는 리스크를 감수하고 긴급 시에 필요한 즉각적 대응 능력을 기르고 있는 것이다.

(2) 프로그램이 잘못 방영되다

어느 날 오후, 당시 그 지역 방송국의 프로그램 편성은 표 21-1과 같았다. 이에 따르면, 정오부터는 도쿄의 K국에서 방송하는 스포츠 생중계 방송 A가 있었다. A는 30분 정도 연장될 가능성이 있어서, 지역 방송국에서는 그 경우에는 뒤에 편성된 프로그램 시작 시간을 늦추고 마지막 프로그램 D를 결방하기로 했다.

나중에 실제로 스포츠 중계방송이 연장되어서, 그 뒤 프로그램 B는 시간을 늦춰 방송을 시작했다. 하지만 프로그램 B 역시 K국 담당이었기 때문에 그 지역 방송국은 별로 신경 쓸 일이 없었다. 그래서 담당자는 방송 시작 시간이 바뀌었던 것을 잊어버리고 있다가, 오후 4시가 되자 회선을 자국발로 전환해버렸다. 원래의 편성표대로 프로그램 C를 송출하려고 한 것이었다. 그 결과, 아직 방송 중이던 프로그램 B가 갑자기 중단되고 프로그램 C가 시작되는 방송 사고가 일어나게 되었다.

12:00	프로그램 A (K국발, 스포츠 중계, 30분 연장 가능성 있음)
15:00	프로그램 B (K국발)
16:00	프로그램 C (자국발)
16:30	프로그램 D (연장될 때는 결방)

〈표 21-1〉 업무용 방송 프로그램 편성표

(3) 명확한 시각화가 중요하다

이러한 실수의 배경에는 여러 가지 사정이 있었다. 우선 그 스포츠 경기는 연장하는 경우가 그다지 많지 않은 종목이었다. 그리고 중계 연장에 대한 판단과 그 결과 전달은 보통 방송이 종료되기 직전에 시합의 진전을 보고 이루어진다. 또한 그 스포츠 경기 중계 후의 프로그램도 K국 담당이었기 때문에, 그 지역 방송국은 자국 차례까지 생기는 시간적 공백으로 이 문제를 잊어버리기 쉬웠다.

그러나 최대의 원인은 일의 시각화에 있었다. 방송프로그램 편성표에 업무 지시가 명확하게 드러나있지 않았던 것이다. 프로그램 송출 전환 작업 담당자는 매일 아침 컴퓨터 화면에 뜨는 편성표를 보고 그날의 업무를 파악했다〈표 21-1〉. 그리고 방송 사고가 난 당일 그 시각의 임무는 프로그램 B가 종료되면 K국발에서 자국발로 회선을 전환하는 것이었다. 그러나 그 표를 보고 이 업무를 이해하는 것은 퍼즐 맞추기만큼 어려운 일이다.

최선의 개선책은 표의 형식을 폐지하고 간단한 도형을 이용하는 것이다. 이렇게 시각화하면 한눈에 무엇을 해야 할지 알 수 있을 것이다.

① 자국 담당과 K국 담당의 차이를 좌우 위치를 이용하여 명확하게 나타낸다.

② 연장 가능성이 있는 프로그램과 그 영향을 받는 프로그램을 선
으로 연결한다.

　이런 방법으로 개선하면 주의할 점이 일목요연하게 보인다〈도형
21-1〉. 이 도형을 보면 다른 방송국이 송출하는 프로그램은 왼쪽에
있고, 자국 담당 프로그램은 오른쪽 영역 안에만 있다. 그러므로 시
간이 변경될 가능성이 있는 프로그램과 오른쪽에 위치한 프로그램
에만 중점적으로 신경을 쓰면 되는 것이다.

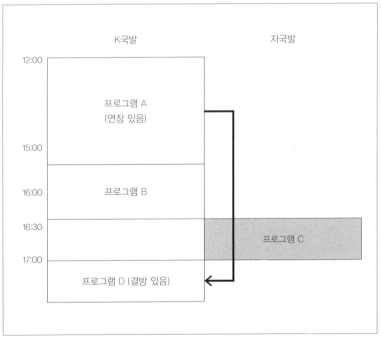

〈도형 21-1〉 　주의점 발견의 용이성을 높인 편성표

(4) 고가 시스템에 의지하지 마라

이 사고로 고가의 최첨단 방송제어 시스템에서 단순하면서도 알아보기 힘든 표를 사용하고 있었다는 것이 드러났고, 이런 사실은 세간의 이목을 끌기도 했다. 시스템의 기술 수준으로 보았을 때 이 차원의 도해(그림 해설) 등을 어렵지 않게 고안해냈을 법도 한데, 그런 형식을 채용하지 않았던 점이 의외였던 것이다.

시스템이 고가일수록 표시가 허술한 모순은 종종 볼 수 있다. 예를 들어, 여러 가지 기능을 갖춘 고가의 팩스복합기보다 저렴한 가정용 팩스기기가 화면도 크고 표시도 훨씬 알아보기 쉽다. 가격대가 높은 기기·기계는 전문가를 대상으로 판매되기 때문에, 성능이 우선되고 사용 용이성은 부수적으로 다뤄지는 경향이 있다. 때로는 일반인은 취급하기 어려울수록 전문가용다운 특징이 돋보인다며 의도적으로 사용자 인터페이스를 난해하게 만들기까지 한다. 스포츠카에 레버가 과도하게 많은 경우나 오디오세트에 버튼이 복잡다단하게 달린 경우가 그런 예이다.

> **이 사례의 교훈**
>
> 최첨단 제품에도 사각지대가 있다. 그러므로 최고급 기계의 사용이 사고의 리스크를 감소시키는 것은 아니다.

10. 삼십억 사건

(1) 권위를 내세우며 속이다

인간의 사고(思考)에 관한 학문은 그 완성이 요원하고, 휴먼에러가 일어나는 메커니즘은 해명되어있지 않다. 그러나 인간을 오류에 빠지게 하는 속임수의 기술은 많이 알려져 있다.

그중 하나가 넌지시 권위를 내세우는 논증이다. 예를 들어 '○○청 인증'이라든가 '○○대학의 ○○교수 추천'이라며 권위를 끌어다 써서 거짓말을 진짜라고 믿게 만드는 것이다. 사기꾼은 이러한 수법을 자주 이용한다. '최종독촉장'이나 '명령고지서'라고 적힌 문서를 호들갑스럽게 전달한 뒤, 위협을 하며 돈을 갈취하는 수법도 권위가 주는 효과에 기댄 것이다.

(2) 간단한 기술로도 공격할 수 있다

최근 사이버 공격을 보면, 해커의 성격이 변화했을 뿐만 아니라 격화한듯하다. 해커는 한때 단순히 컴퓨터 바이러스를 퍼트리기만 했다. 금전적 이득을 노리기보다는 가벼운 장난을 치거나 어떤 신념을 드러내기 위해 이런 방법을 쓸 뿐이었다.

그러나 지금 해커는 특정 기업이나 단체를 정확히 목표물로 삼아 노리는 절도범으로 변했다. 최근 2년간 본 것만으로도 피해를 당한 기관이나 단체가 국회, 재무부, 농림축산부, 우주항공연구개발기구, 중공업회사 등에 이른다. 해커가 이들의 시스템에 침입하여 정보를 빼간 것이다.

사람들은 흔히 국가 중추 기관의 시스템에는 쉽게 침입할 수 없으리라 생각하지만, 실제로는 침투가 그다지 어렵지 않은 경우가 많다. 더구나 침입하는 데는 천재적인 기량이 필요한 것도 아니고 흔히 쓰는 테크닉만 갖추면 족하다. 그중 하나가 표적 조직의 구성원에게 메일을 보내는 수법인데, 이런 메일에는 흔히 파일이 첨부되어있거나 특정 사이트 주소의 링크가 들어있다. 그래서 첨부 파일을 다운받아 열거나, 링크된 사이트로 가면 시스템이 자동적으로 바이러스에 감염되는 것이다.

(3) 경찰을 사칭하는 수법을 쓰다

사실 요즘 사람들은 조심성이 많기 때문에 미심쩍은 파일이나 링크를 쉽게 열지 않는다. 그래서 사기꾼이 더욱 권위를 내세우는 것이다. 예를 들어, 흔히 사용하는 문구는 다음과 같다.

'정보통신보안센터입니다. 최근 사이버 공격이 날로 심해짐에 따라, 귀하의 컴퓨터의 바이러스 감염 여부 확인을 권고합니다. 지금 바로 첨부 파일을 열어 점검하고 결과를 알려주세요.'

이러한 수법에는 보통 세 가지 요점이 있다.

① 안전과 방위의 권위자인 양 행세한다. 위의 예에서는 해커가 정보통신보안센터를 사칭하고 있다.

② 위기감을 부추기고 행동을 재촉한다. 상대를 긴장시킴으로써 차분하게 심사숙고할 시간을 뺏어 권위자 사칭을 의심하지 못하게 하는 것이다.

③ 시사 화제를 이용한다. 새로운 화제는 사람의 관심을 끌기 쉽다. 피해자가 잘 모르는 최근의 동향을 이용하거나 꾸며내서 경계심을 누그러트린다.

　이런 식의 수법은 어린아이에게나 통할만한 속임수 같아도 의외로 성공률이 높다. 1968년에 일어난 '삼십억 사건'도 경찰을 사칭한 수법이 효과를 발휘한 경우이다. 당시 범인은 흰색 오토바이를 탄 경찰로 위장하여 현금 수송차를 불러 세운 뒤, 차량에 폭탄이 실려있다고 겁을 주고 수송차를 탈취해갔다. 지금은 폭탄이 엉뚱한 이야기로 들릴지 모르지만, 이 사건이 있기 얼마 전에 폭탄 사건이 일어나 당시 연일 언론과 세간의 화제에 오르고 있었다.
　사실 이런 사기 수법은 교과서적인 기술이다. 하지만 이와 같은 맥락의 수법에 피해를 당한 사례는 셀 수 없을 정도로 많다. 그 대표적인 경우가 1948년에 일어난 데이킨 사건[12]이다. 이 사건의 범인은 보건기관 관련자로 행세하며, 은행 직원들에게 근처에 이질이 발생했으니 예방약을 마시라고 했다. 이에 직원들은 아무런 의심 없이 독약을 먹고 목숨을 잃거나 중태에 빠졌다.

범인이 아무리 교묘한 속임수를 썼더라도, 모르는 사람이 건네는 약을 먹는 것은 상식 밖의 일이다. 그러므로 이 사건은 특이한 경우이고 당시 피해자들이 무던했던 것이라고 생각할지도 모른다. 그러나 현대의 보이스 피싱이나 사이버 공격도 결국 위의 사례들과 수법의 구조는 동일한 것이다. 그러므로 '나는 절대 안 속아'라고 자신하지 말고, 사기 범죄의 피해자가 되지 않도록 경계해야 한다.

(4) 정박 효과를 경계하라

상황을 전체적으로 파악하지 못하고 일부분에 집중하는 오류를 정박 효과(Anchoring: 앵커링)라고 한다. 한곳에 닻(Anchor: 앵커)을 내리듯 하나의 논점에만 몰입한다는 의미이다. 이 효과가 나타나면 사람은 넓은 견지를 잃고 속기 쉬워진다. 상술의 수법에서 이를 이용하면, 위기를 강조하고 불안에 집중하게 하여 객관적 판단이나 의심을 할 겨를이 없게 만든다.

---

12 1948년 1월 26일, 도쿄의 데이코쿠(帝國)은행 시이나마치 지점에서 일어난 사건이다. 누군가가 은행 직원들에게 사인안화칼륨, 즉 청산가리를 마시게 하여 12명이 사망하고 4명이 중태에 빠지고, 현금 등이 탈취되었으나, 사건은 미스터리로 남아있다. −옮긴이

정박 효과는 사고의 한 요인이 되기도 한다. 2009년, 에어프랑스 447편이 대서양에 추락하는 사고가 일어났다. 2년 만에 회수한 블랙박스의 분석 결과에 따르면, 사고 직전 그 항공기는 속도 계측장치 일부가 고장이 나 자동 조종 장치가 작동을 멈추고 수동 조종으로 전환된 것으로 보인다. 그런데 고장의 여파로 속도 표시에 이상이 있었지만, 조종실에서는 그 수치를 그대로 받아들이고 말았다. 간헐적으로 실속(비행기의 양 날개가 급격히 양력을 잃는 현상) 경고가 울리고 고도계까지 오류를 일으켜 잘못된 정보를 제시하자 조종실이 혼란에 빠진 것이다.

그리고 기장과 두 명의 부기장이 기체 방향을 조절하여 상황을 정상으로 돌리려고 하는 사이 앙각(기체의 상향 각도)의 추진력(엔진 파워)이 부족해졌고, 결국 실속하게 되었다. 기체의 방향 조절에 생각의 닻을 내리는 바람에 그런 상황에서는 엔진 출력을 높여야 한다는 판단을 하지 못한 것이다. 당시 이들이 정박 효과에서 빠져나와 추진력과 고도를 유지하는 기본 동작으로 돌아갔다면, 많은 승객이 목숨을 잃는 안타까운 대참사를 막을 수 있었을 것이다.

> **이 사례의 교훈**
>
> '호랑이에게 물려가도 정신만 차리면 산다'는 속담이 있다. 사기에 속았다고 해도 기본을 지키면 큰 피해는 막을 수 있으므로, 급박한 상황에서야말로 기본 동작으로 되돌아가야 한다.

11. 미카와시마 역 철도 사고

(1) 철도 사고가 수많은 사망자를 내다

전후의 혼란기에서 고도 성장기에 이르는 시간은 사고 다발의 시대이기도 하다. 이를 증명하듯 대규모의 탄광 사고나 화재, 그리고 철도 사고가 여러 건 역사에 남아있다. 그중 사망자가 100명을 넘는 철도 사고로는 사쿠라기초 사고, 미카와시마 사고, 쓰루미 사고 등 세 건의 사고가 유명하다. 미카와시마 사고는 일어난 지 반세기가 지났지만, 단순히 과거의 일로 치부해서는 안 된다. 이것은 여전히 현대인에게 참고가 되고 교훈이 되는 일이기 때문이다.

미카와시마 사고는 1962년 5월 3일 오후 9시 30분경에 일어났다. 도쿄 아라가와 구의 미카와시마 역 부근에서 열차 탈선과 삼중 추돌이 발생한 것이 그 내용인데, 사망자 160명, 부상자 296명으로 피해가 상당히 컸다.

현장은 상·하행 본선을 사이에 두고 상·하행 화물선로가 나란히 달리는 구간으로 여기에는 하행 화물선로가 하행 본선과 합류하는 지점이 있었다〈사진 23-1〉.

지금까지 밝혀진 바에 따라 사고의 경과를 따라가보면, 우선 화물열차가 적신호에서 하행 화물선로로부터 본선으로 진입하려고 했다. 뒤늦게 신호를 알아차린 기관사가 급브레이크를 걸었지만,

〈사진 23-1〉 현재의 미카와시마 사고현장
왼쪽에서부터 ①하행 화물선로 ②하행 본선 ③상행 본선

열차는 멈추지 않고 안전 측선(열차 충돌 사고의 예방을 위해 본선 끝
에 가설한 선로)을 따라 자갈더미로 돌진하였다. 결과적으로, 화물열
차는 그 기관차가 하행 본선으로 돌출된 꼴로 멈추게 되었다.

그런데 이때 하필이면 하행 본선을 달리던 여객열차가 화물열차
의 기관차와 충돌하고 말았다. 그리고 이번에는 여객열차의 탈선
차량이 상행 본선에 걸쳐지게 되었다. 놀란 승객들은 대피를 위해
비상용 도어콕(Door Cock: 문개폐 장치)을 사용하여 열차 문을 열
고 상행 본선 선로 위로 내렸다.

처음 화물열차가 충돌한 지 약 6분이 지나, 상행 본선으로 또 다
른 여객열차가 들어섰다. 사고 발생 사실을 알리지 않고 운행도 정
지하지 않았던 것이다. 이 열차의 기관사는 급브레이크를 걸었지만
사고현장으로의 돌입을 막기에는 너무 늦은 때였다. 결국 이 마지

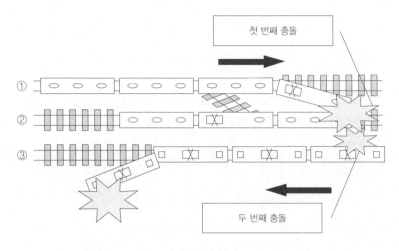

〈도형 23-1〉 미카와시마 사고의 개략도
위에서부터 ①하행 화물선로 ②하행 본선 ③상행 본선

막 열차는 상행 본선으로 돌출해있던 여객열차와 충돌하여 대파되었다. 그리고 대피하기 위해 선로 위로 걸어가던 많은 승객을 덮치는 처참한 결말을 내고 말았다〈도형 23-1〉.

(2) 선례를 활용하지 못하여 참사가 일어나다

하인리히 법칙에서도 말하듯이, 큰 사고가 일어나기 전에는 비슷한 중소형의 사고가 여러 번 일어난다. 또한 먼저 일어난 사고에 대한 반성이 이후 사고의 운명에 여러 가지로 영향을 준다. 커다란 사고는 전례가 없이는 일어나지 않는다. 그래서 사고에도 이른바 '계보'가 있는데, 미카와시마 사고의 계보는 복잡하다.

안전 측선은 1913년 히가시이와세 역 사고가 남긴 교훈으로 설치되었다. 이것은 미카와시마 사고에서 불완전하게나마 효과를 발휘해서 화물열차의 탈선 여파를 소규모에 머물게 했다.

미카와시마 사고의 전조는 그와 양태가 똑같은 1943년의 쓰치우라 사고이다. 1945년 히사쓰 선 사고 또한 대피 중에 선로를 지나던 승객을 열차가 치었다는 점에서 선행 사례라고 할 수 있다. 그렇지만 전시와 전후라는 상황 때문에, 이러한 사고들에 대한 본격적인 대책이 세워지지 않은 채 시간이 지나버렸다.

1951년 사쿠라기초 사고 이후, 비상용 도어콕이 안전 대책의 하나로서 설치되었다. 그런데 그 전에 히사쓰 선 사고에서 이미 대피를 위한 승객의 선로 위 이동이 위험할 수도 있다는 사실이 드러났었다. 하지만 이 문제에 대한 대책이나 보완책을 생각해놓지 않았던 탓에 미카와시마 사고 때 피해가 더 커진 것이다.

(3) 사고의 교훈을 활용해야 한다[13]

미카와시마 사고의 원인은 휴먼에러라고 할 수 있다. 특히 제일처음 사고가 났을 때 상행 본선의 여객열차에 사고 소식을 알리지도 않고, 그 운행을 정지시키지도 않은 것이 치명적이었다. 그렇지만 실수를 꾸짖는다고 해서 인간이 잘못을 하지 않는 것은 아니다.

---

13 참고문헌: 사사키 도미야스 · 츠나야 료이치 《사고의 철도사》, 일본 경제평론사(1992)

사고 후에 취한 대책은 열차 운행 시스템의 운영을 인간에게 의지하지 않도록 하는 것이었다. 즉, 사고가 일어나면 바로 근처의 열차에 정지하라고 알리는 무선방호 시스템을 도입한 것이다. 사고 방지를 위해, 휴먼에러가 아닌 고속 이동물체 관리ㆍ제어 설비와 체제의 약점에 주목한 것이다.

이런 노력에도 미카와시마 사고의 계보를 잇는 사고가 일어났다. 1963년에 쓰루미 사고가 일어난 것이다. 이것도 삼중추돌 사고였는데, 이로써 열차 운행표가 빡빡한 대도시권에서는 하나의 탈선 사고가 곧바로 다중추돌 사고로 이어지는 문제가 다시 드러났다.

그러나 많은 열차 통행량과 빠듯한 운행 간격이 유발할 수 있는 문제는 아직도 해결이 어려워 보인다. 한편, 2005년 후쿠지야마 선 탈선 사고는 대규모인데도 단독 사고로 끝났다. 사고 직후 현장에 다른 열차가 접근 중이었지만, 근처에 있던 주민이 기지를 발휘하여 비상 신호 버튼을 누른 덕이었다.

후쿠지야마 선 사고현장에 가보니 오가는 열차의 본선이 많아 새삼 놀라웠다. 오사카 역과 아주 가까이 있어서 열차 운행이 아주 과밀하게 이루어지고 있었다. 이 사고가 미카와시마 사고의 복사판이 되지 않은 것이 오히려 의외일 정도였다. 쓰루미 사고 이후로는 미카와시마 사고의 계보에 이름을 올릴만한 사고가 일어나지 않았다. 그 계보도가 더 이상 뻗어나가지 않도록 해야 할 것이다.

12. 순양함 인디애나폴리스 격침 사건

(1) 고속 기능으로 극비 임무를 맡다

1932년에 취역한 미 해군 순양함 인디애나폴리스는 일본, 미국,
영국의 해군 군축조약 범위 내 설계로는 최대 규모의 군함으로, 프
랭클린 루스벨트 대통령의 전용함으로도 선택된 미 해군의 자랑거
리였다. 태평양 전쟁 때에는 잠수함 탐지기 미탑재 등으로 장비 면
에서 이미 시대에 뒤떨어져 있었지만, 그래도 제5 함대의 기함이라
는 명예로운 대우를 받고 있었다.

해군 군축조약에 따라 배수량이 제한되었기 때문에, 인디애나폴
리스함은 다른 전함에 비하면 장갑이 얇았다. 하지만 대신 고속으
로 이동할 수 있다는 특징이 있었다.

1945년 3월, 오키나와 방면에서 작전에 참가하고 있던 인디애나
폴리스함은 수리와 병력 보충을 위해 샌프란시스코로 돌아갔다. 그
리고 수리가 끝나자 히로시마 투하가 예정된 원자폭탄의 부품을 북

마리아나 제도의 티니안 섬으로 급히 수송하는 극비 임무가 주어졌다. 고속 운항이 가능하다는 장점이 있어 적임이라는 평가를 받았던 것이다. 샌프란시스코에서 출발한 인디애나폴리스함은 최고속 기록을 세우며 74시간 반 만에 경유지인 하와이에 도착했다. 그러나 매우 서둘렀기 때문에 보충된 신병에게 대피 훈련을 시킬 여유가 없었다.

7월 26일에 티니안 섬에 도착하여 수하물을 내린 인디애나폴리스함은 이제 필리핀의 레이테 섬 방면으로 향하라는 명령을 받았다. 레이테 섬 근해에서 신병 훈련을 하기 위해서였다.

(2) 인기 군함이 방치되다

당시는 일본이 항복을 선언하기 한 달 전인 시점이어서 일본해군은 거의 괴멸 상태였다. 그래서 미 해군은 레이테 섬 근해로 일본해군이 공격해오지는 않을 것이라고 생각했다. 이런 생각으로 인디애나폴리스함은 호위함도 대동하지 않고 단독으로 레이테 섬으로 향했다.

사령부에서는 야간에 시계가 나쁜 상황이라면 잠수함을 피하기 위한 지그재그 항행을 하지 않아도 된다는 지령을 내렸다. 실제로는 그 해역에서 일본 잠수함으로 추정되는 물체를 목격했다는 색적 보고가 있었지만, 그 정보를 인디애나폴리스함에 알리지는 않았다.

인디애나폴리스함은 7월 28일에 티니안 섬을 출항했는데, 도착 예정일인 30일이 되어도 레이테 섬에 모습을 나타내지 않았다. 그러나 지령부는 인디애나폴리스함이 도착한 것으로 간주하고 신경을 쓰지 않았다. 정보 은닉을 위해 무선 사용 자제가 장려되고 있었고, 조난 신호 등의 문제 정보가 없는 한 함선의 무사 도착을 가정하는 것이 보통이었기 때문이다.

또한 7월 30일에는 레이테 섬 부근으로 태풍이 접근하고 있어서, 지령부는 다른 함선에 대피 지시를 내리는 일로 분주했다. 이런 사정으로 훈련을 위해 이동하던 순양함이 도착하지 않는 일에 크게 주의를 기울일 여유가 없었던 것이다.

그런데 8월 2일, 레이테 섬 근해를 순찰 비행하던 미군기가 상어 떼의 공격을 받으며 표류하는 수많은 아군 병사를 발견했다. 하지만 이때까지 미 해군은 인디애나폴리스함이 격침당한 사실조차 인지하지 못하고 있었다.

(3) SOS 신호가 무시되다

인디애나폴리스함은 7월 30일 밤에 침몰했다. 물론 일본 잠수함의 공격 때문이었다. 그날 밤은 태풍의 영향으로 시계가 나빴지만 한순간 구름이 걷힌 때가 있었다. 소리를 탐지하여 인디애나폴리스함을 추적하고 있던 일본 잠수함은 환한 달빛을 받은 거대한 군함을 어렵지 않게 조준하였다. 결국 인디애나폴리스함은 여러 대의 어뢰를 맞고, 공격이 시작된 지 불과 12분 만에 가라앉고 말았다.

인디애나폴리스함은 침몰하는 그 짧은 시간 동안 필사적으로 SOS 신호를 발신했다. 그러나 지령부는 이 신호를 수신하고도 적의 교란 신호로 의심하여 후속 보고가 없으면 무시하기로 하였다. 조난 신호를 받은 다른 기지에서 구조 보트를 현장으로 급파했지만, 이를 안 사령관은 신호가 거짓이라며 보트를 다시 불러들였다. 또 다른 기지는 조난 신호의 진위를 확인하기 위해 인디애나폴리스함에 확인 전신을 보냈다. 그러나 이때는 인디애나폴리스함이 이미 침몰한 뒤였다.

대피 훈련을 받지 않은 신병들은 구명동의를 입지 않고 바다에 뛰어들었고, 오랜 시간 표류하던 끝에 힘이 빠져 익사하고 말았다. 살아남은 조난자는 구조까지 닷새 동안이나 바다 위를 표류했는데, 1,196명의 승원 가운데 생존자는 불과 319명에 지나지 않았다.

(4) 은폐와 책임의 강요가 이어지다[14]

전쟁 중에 대형 군함이 격침되는 것은 드문 일이 아니지만, 미국 내에서 이 사건과 관련하여 미 해군을 비판하는 목소리는 엄청났

---

14 참고문헌: 앤드류 스탠튼 《순양함 인디애나폴리스함의 참극》, 아사히문고(2003)

다. 900명에 달하는 희생자 수는 전시임을 감안해도 큰 숫자였고,
이제 종전이 가까워오던 시기에 막대한 인명과 훌륭한 군함을 잃은
것은 너무나 아쉬운 일이었다.

미 해군은 SOS 신호의 방치와 도착 확인 절차 무시라는 중대한
사실을 은폐하고, 살아서 돌아온 함장 한 사람에게 모든 책임을 물
었다. 그리고 군사법원에서는 지그재그 항행을 하지 않은 점을 과
실로 인정해 함장을 상등 처분했다. 태평양 전쟁 중에 격침을 당한
군함은 많았지만, 미 해군이 함장을 군사법원에 회부해 책임을 물
은 것은 이 사건뿐이다. 수년 후 함장은 인디애나폴리스함의 희생
자와 그 유족들에 대한 죄책감을 견디지 못하고 자살하였다.

사고 당시 조난당한 승무원들이 상어에 잡아먹힌 일은 후에 영화
〈죠스〉에 반영되었다. 영화를 보고 이 사건에 흥미를 갖게 된 미국
의 한 소년은, 아버지의 도움을 받아 생존자를 방문하고 비밀이 해
제된 기밀문서를 조사했다. 그리고 함장의 무죄를 확신하게 되어
이미 고인이 된 그를 위해 탄원운동을 펼쳤다. 그 결과, 2000년에
미국 의회는 마침내 함장의 명예회복을 결의하기에 이르렀다.

이 사례의 교훈

긴급하고 중요한 사건이 일어나면 그 주변에는 무리한 상황이 겹치게
된다. 이 영향으로 관리가 애매해지고 경계도 모호해지기 쉬우므로 큰
일에만 주의를 빼앗겨서는 안 된다.

제3장

휴먼에러 방지 능력
향상을 위한 실전문제

휴먼에러도 쓸모가 있다. 인간은 잘못을
저질렀을 때에야말로 배울 수 있기 때문이다.
인간은 자신의 생각이 현실에 맞지 않음을 깨달으면
비로소 지식의 정체를 받아들이게 된다. 지식은 다른
사람이 아무리 말해주어도 그저 학문으로 끝날 뿐
체득되기 힘든 것이다. 이제 연습문제에 임하여,
때로는 오답을 내는 시행착오를 거치며
살아있는 지식을 몸에 익혀나가도록 하자.

1. 액셀과 브레이크 혼동이 빚은 사고

액셀 페달과 브레이크 페달을 잘못 밟는 사고가 많다. 또 이와 비슷한 혼동으로 인한 다른 사고도 많은데, 몇 가지 사례를 알아보자.

- 한 손님이 가게 앞에 자동차를 주차하기 위해 브레이크를 밟으려다가 그만 액셀을 밟아 가게로 차가 돌진했다.
- 고속도로 주행 중이던 자동차가 엔진이 고장 난 와중에 브레이크도 작동하지 않아 결국 충돌 사고를 일으켰다. 그러나 사실은 운전자가 패닉 상태에 빠져 브레이크 대신 액셀을 밟았던 것으로 드러났다.
- 어느 여객기에서 기장이 화장실에 간 사이 부기장이 조종을 하다가, 돌아온 기장을 보고 조종실 문을 열려고 했다. 그러나 문 개폐 다이얼이 아닌 방향 제어용 다이얼을 힘껏 돌려, 비행기가 갑작스런 공중 회전을 하면서 급강하했다. 두 개의 다이얼은 모두 좌석의 왼쪽 패널에 설치되어있었다. 하지만 충분한 간격을 두고 있었기 때문에 혼동하는 일은 없으리라고 생각했지만, 그런 사고가 일어나고 말았다.
- 터널 공사에서 작업자가 고소(高所) 작업차의 탑승함에 타고 터널 천정에 조명 설비를 설치하고 있었다. 그런데 고소 작업차 운전자가 조작 레버 혼동으로 탑승함을 급상승시켜 버렸다. 결국 작업자는 머리를 천장에 강하게 부딪치는 사고를 당했다.
- 증권회사의 직원이 주식 매도를 위해 100만을 의미하는 M

(Million: 밀리언)버튼을 누르려 했다. 그런데 10억을 의미하는 B(Billion: 빌리언)를 눌러버려 의도한 양의 천 배나 되는 매도 주문이 나가게 되었다. 영향은 그 품목에만 머물지 않고 시장의 주가지수마저 급락하여, 크게 손해를 보고 주식을 팔게 되었다.

• 한 베이커리 체인점 점포 일곱 군데에서 밤 케이크와 사과 케이크를 혼동하여 판매하였다. 두 케이크는 가을 신상품으로 같은 날에 새로 발매되었는데, 겉모양이 똑같아서 점원이 많았음에도 잘 구별을 하지 못한 것이다. 결국 발매 이틀째에 고객으로부터 지적이 들어와 착오를 알게 되었다. 결과적으로, 성분을 제대로 모르고 먹었을 때 생길지도 모르는 알레르기 피해를 방지하기 위하여, 신문광고를 내고 대대적인 자체 상품 회수에 나서는 일이 벌어졌다.

▼**문제** 취급 부주의로 발생하는 휴먼에러는 어떻게 막으면 좋을까?

① 오류 유발 가능성이 있는 작업을 애초에 하지 않는다

② 작업 순서를 개량한다

③ 도구를 개량하거나 새 것으로 바꾼다

④ 피해가 치명적인 수준이 되지 않도록 한다

⑤ 사고를 효과적으로 역이용한다

▲**해답** 앞서 나열한 다섯 가지 사고방식에 입각해 다각적으로 대책을 고안해본다. 그리고 그중에서 가장 좋은 것을 고르도록 한다.

① 오류 유발 가능성이 있는 작업을 애초에 하지 않는다

액셀과 브레이크 페달을 선택하는 행위를 하지 않고 작업을 끝내는 방법을 생각한다. 오토매틱 차의 경우에는 애초에 양발 운전의 습관을 들여 왼발로만 브레이크를 밟는 것도 한 방법이 될 것이다.

비행기의 사례라면, 문 개폐 다이얼을 조종석에서 조작할 수 없도록 하거나 아예 위치를 다른 곳으로 옮기도록 한다. 또 고소 작업차의 급상승 기능은 편리할지는 모르지만 위험하기 때문에 되도록 장착하지 않는 것이 좋다.

주식거래에 대해서는, 일반적인 산업 시스템에서 보통 조작량 단위의 천 배를 지시하는 버튼을 병설하는 것은 거의 무의미하고 위험하기도 하다. 버튼은 한 개로 충분하므로 'B'는 제거하도록 한다. 베이커리 체인점에서 일어난 사고의 경우에는, 우선 케이크의 종류를 무턱대고 늘리지 않도록 한다. 그리고 케이크 상자의 도안에 차이를 두면 점원이 쉽게 케이크를 고를 수 있어 안전하고 수고도 절약된다.

② 작업 순서를 개량한다

자동차를 주차하는 경우에는 일단 정지하고 조금씩 브레이크를 밟도록 한다. 그러면 저속으로 천천히 작업하게 되어서 실수를 해도 큰 사고로 이어지지는 않는다. 다른 사례에도 효과를 발휘하는 방법은 작업을 하기 전에 일단 모든 동작을 정지하고, 한 호흡을 쉰 다음 다시 확인을 하고 조작 대상에 손을 대는 것이다.

③ 도구를 개량하거나 새 것으로 바꾼다

자동차의 액셀을 힘껏 밟는 것은 고속도로의 본선으로 합류하는 경우나 자동차 경주에서 달리는 경우가 아닌 보통 운전에서는 특수한 조작 행위이다. 그래서 저속 주행을 하다가 갑자기 과도한 힘으로 액셀을 밟는다면 가속 기능이 작동하지 않도록 개량하는 것이 좋을듯하다. 사고 방지에는 작업의 상황이나 조건에 적합하지 않은 조작을 기계가 감지하여 무효화하는 풀프루프(Fool-proof: 잘못된 사용법에 대한 대처 기능으로, 사용자에게 완전성을 요구하지 않고 기계 자체가 잘못의 검출·정정이나 사용법 제한 등을 하는 설계) 기능이 효과적이다.

또한 조작 대상의 인지나 구별을 용이하게 하는 것도 좋다. 혼동하기 쉬운 케이크는 차이를 알 수 있게 모양을 바꾸거나 표시를 해둔다.

④ 피해가 치명적인 수준이 되지 않도록 한다

자동차 사고의 피해를 경감하려면, 잘 알려진 대로, 자동차에 에어백을 장착하고 운전 시에는 안전밸트를 착용하는 것이 좋다. 고소 작업차 급상승으로 인한 사고의 피해를 줄이기 위해서는 안전모나 안전대를 착용해야 한다. 안전모를 쓰면 충돌로 인한 일차적 피해에 대비할 수 있고, 안전대는 추락과 같은 이차적 피해를 최소화해준다. 또한 이상이 발생하면 바로 정지할 수 있도록 비상정지 버튼을 갖추어야 한다.

⑤ 사고를 효과적으로 역이용한다

페달을 잘못 밟는 사고를 일으키지 않도록 안전을 최우선으로 한 자동차를 만든다. 즉, 액셀과 브레이크를 전혀 다른 모양과 감촉으로 만들어 충분한 간격을 두고 설치한다. 종래의 제품과 비교하면 모양이 이상하고 차이도 크지만, 절대로 사고가 일어나서는 안 되는 중요한 시설의 작업차와 주요 인물이 타는 차 등으로 수요를 창출할 수 있을지도 모른다. 사고의 리스크가 있기 때문에 안전을 중시하는 제품이 탄생하는 것이다.

2. 숫자를 잘못 읽는 실수

숫자를 잘못 읽거나 잘못 쓰는 실수는 오래전부터 되풀이되어왔다. 그런데 이런 흔한 실수가 대형 사고를 일으키기도 한다. 그 전형적인 패턴을 살펴보자.

---

① 눈금을 잘못 읽다

아날로그 미터의 바늘이 가리키는 수치를 읽기 위해서는 약간의 훈련이 필요하다. 특히 미터에 따라 눈금의 형식이나 축척이 다른 경우에는 세심한 주의를 기울여야 한다〈도형 26-1〉. 전체 눈금이 동일 간격인 경우가 있다면 중간에 변경되는 경우도 있다.

일반적으로는 디지털 기기가 정확하게 읽기에 편리하지만 아날로그 미터가 좋은 경우도 있다. 수치가 재빠르게 변동할 때가 그런 경우인데, 디지털은 표시가 너무 빨리 바뀌어 눈에 띄지 않지만 아날로그 미터라면 대체로 수치를 읽을 수 있는 것이다.

또한 아날로그 미터는 양을 시각적인 크기로 바꾸어 나타내기

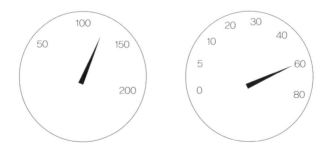

〈도형 26-1〉 눈금의 기준이 다른 미터가 인접해 혼동을 유발하는 경우

때문에 수치를 파악하기 쉽다. 시험 시간의 경과를 정확하게 파악하지 않으면 안 되는 수험생이 곧잘 아날로그시계를 사용하는 것은 이 때문이다.

② 소수점을 잘못 읽다

소수점은 위치를 잘못 읽으면 수치가 열 배, 백 배 차이가 나게 된다. 소수점은 그 정도로 중요한 것이지만, 디지털 미터는 작은점으로 표시하고 있기 때문에 소수점을 잘못 읽기 쉽다는 위험을 내포한다.

실제로 1992년 스트라스부르(Strasbourg: 프랑스 북동부 알자스 지방의 중심 도시) 공항 추락 사고도 기장이 디지털 미터의 33과 3.3을 잘못 읽어 기체를 급강하시킨 탓에 일어난 것이다.

③ 의미를 잘못 알다

숫자 자체를 제대로 읽고도 그 의미를 잘못 이해하는 경우가 있다. 앞서 언급한 2005년의 주식 대량 오발주 사고는 단가 61만 엔에 1주 판매를, 단가 1엔에 61만 주 판매로 착각하여 수백억 엔의 손해를 보게 된 경우였다.

④ 반복된 숫자를 잘못 읽다

예를 들어, '3371'을 '371'이라고 잘못 듣거나 '3771'이라고 잘못 보는 실수가 매우 많다.

▼문제 숫자를 확실하게 보려면 어떻게 하면 좋을까?

▲해답

① 눈금을 잘못 읽는 실수의 방지 대책을 알아보자

아날로그 미터를 디지털 미터로 바꾸는 것은 하나의 대책이 될 수 있지만, 이를 실행하면 아날로그 미터가 가진 장점을 포기해야 한다. 그래서 보통 디지털과 아날로그 미터를 둘 다 준비하는 것이 좋다.

아날로그 미터의 표시는 그 자체를 그래프로 볼 수 있다는 점이 편리하다. 그 특징을 이용하여 눈금을 잘못 읽는 실수를 막을 수도 있다. 도형 26-2와 같이 정상 수치의 범위를 나타내는 띠를 그려 두면, 어떤 수치가 정상치인지 일목요연하게 알 수 있다. 여기에는 두 개의 아날로그 미터가 수직으로 놓여있는데, 각각의 정상치 범위가 기기 위에 표시되어있다. 이렇게 해놓으면 각 기기의 눈금 기준이 달라도 정상 범위에서의 일탈을 발견해내기 쉽다.

한편, 미터 주변의 표시를 더욱 개량하면, 도형 26-3과 같이 순서의 지시도 겸한 표시도 할 수 있다.

〈도형 26-2〉 정상치 범위를 강조하는 방법

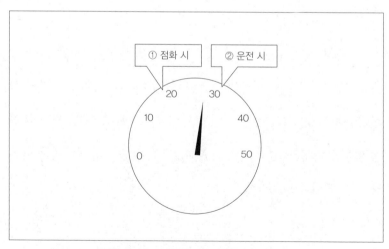

〈도형 26-3〉 미터에 작업 지시를 표시한 경우

② 소수점을 잘못 읽는 실수의 방지 대책을 알아보자

디지털 표시에서는 소수점의 위치가 움직이면 안 된다. 소수점의 위치를 고정할 수 있다면, 미터의 숫자 표시란 주변에 천백십일 등의 수 단위를 써넣어 단위를 오인하는 실수를 줄일 수 있다.

또 마침표 모양보다 더 눈에 잘 띄는 표기를 사용하는 방법이 있다. 사실 소수점 표기는 세계적으로 통일돼있지 않아서, 일본과 미국에서는 마침표를 쓰지만 유럽에서는 쉼표를 사용한다.

③ 의미를 잘못 아는 실수의 방지 대책을 알아보자

이런 실수는 보통 표시란이 너무 좁은 데서 기인한다. 숫자가 밀집되어 표현되거나 복수의 데이터가 하나의 표시란에 같이 나타나는 등 혼동을 유발하는 표기 방식 때문에 수치와 의미에 대한 오해가 생기는 것이다.

그러므로 특히 잘못 이해하면 안 되는 데이터를 추출할 때는 계기를 가능한 한 서로 멀리 떨어트리는 것이 좋다. 그리고 계기의 형식, 문자의 크기와 같은 겉보기도 달리 설정하도록 한다. 또한 데이터의 옆에는 반드시 '개,' 'Kg,' '₩' 등 단위나 종류를 나타내는 단어를 붙여 의미를 명확하게 한다.

④ 반복된 숫자를 잘못 읽는 실수의 방지 대책을 알아보자

프랑스에서는 전화번호를 숫자 두 단위마다 띄어 쓴다. 즉 '3371'의 경우에는 '33 71'이라고 적는 것이다. 이런 표기는 반복되는 같은 숫자를 혼동하는 실수를 방지하는 데 유용하므로, 도입해도 좋을듯하다.

과거에 일본 상업에서는 거래 금액 등을 다른 사람이 알지 못하도록 부호(암호)를 사용했다. 예를 들어, '3'은 '게타(나막신)'라고 읽는 것이다. '33'은 게타(나막신)가 두 번 나왔으므로 '게타마와시(나막신돌림)'라고 읽는다. 이렇게 하면 어떤 숫자가 연속되어 나오고 있는지 확실해진다.

3. MRI 가까이 둔 금속제품이 일으킨 사고[15]

요즈음 사건·사고가 많은 탓에 부상을 입고 MRI를 찍는 경험을 하는 사람이 많다. 그런데 이 MRI는 정말 안전하기만 한 것일까?

최근 의료기관에서는 환자 몸의 단층 사진을 촬영하기 위해 MRI(Magnetic Resonance Imaging: 자기 공명 영상 장치)를 자주 사용하고 있다. MRI는 환자의 몸속 깊은 곳까지 자세하게 볼 수 있게 해주기 때문에, 병원에서 없어서는 안 될 장치로 자리 잡고 있다. X선 촬영이나 CT 스캔 등으로도 몸의 내부를 조사할 수 있지만, 이런 방법에는 방사선 노출이라는 문제가 있다. 그런데 MRI는 그런 리스크가 없기 때문에 사용이 증가하는 추세이다. 또한 의료계 외에 기업이나 대학의 연구개발 부서에서도 물체의 단층 사진을 찍기 위해 MRI를 사용하는 경우가 많다.

그런데 MRI 장치는 매우 강력한 자기를 이용한다는 데 숨은 위험이 있다. 그 자력은 우리들이 일상 생활에서 사용하는 자석의 힘보다 몇 단위나 강하다. 따라서 금속으로 만든 물건이 (특히 자성체인 철 등이) 장치 가까이에 있으면 자력에 의해 장치의 중앙으로 끌려간다. 그런데 거기에 환자가 위치하게 되기 때문에 지극히 위험한 것이다.

의료에 관한 안전 정보를 다루는 일본의료기능평가기구에 의하

---

15 참고문헌: 일본의료기능 평가기구, 〈의료안전정보〉 No. 10 'MRI 검사실의 자성체(금속제품 등) 반입'(2007) http://www. med-safe.jp/

면 실제로 다음과 같은 사고가 있었다. MRI 장치 옆에 두었던 법랑 트레이가 날아가 환자의 입술이 찢어진 것이다. 법랑은 외관은 유리질이지만 그 안쪽에는 금속 성분이 있다는 사실을 무심코 잊어버려서 생긴 사고였다. 또 환자에게 무거운 산소 봄베가 날아드는 사고도 있었다고 한다. MRI 검사실에서는 원래 비철제 봄베를 사용하지만, 관계자가 착각을 하여 강철 봄베를 들여온 것이다. 이러한 사고는 긴급 환자 후송 등으로 소란하고 급박한 시기에 일어나는 경향이 있다.

하지만 그렇다고 병원 내의 기구 모두를 비금속 제품으로 바꿀 수는 없다. 비용이나 용도 등을 고려할 때 현실적으로 어려운 것이다. 그런데 MRI는 자기가 강할수록 보다 자세한 사진을 찍을 수 있기 때문에, 장치 제조회사들이 서로 경쟁적으로 점점 더 자력을 강화하고 있는 상황이다. 그런데 지금은 MRI 장치가 소규모 병원에도 보급되고 있으므로, 이러한 흡착 사고의 위험은 날로 높아지고 있다.

▼**문제** MRI 장치 주변에서 금속제품을 확실하게 배제하려면 어떻게 해야 할까? 또, 금속제품이 가까이 있을 때에는 어떻게 사고를 막아야 할까?

① 탐지기를 이용하여 금속을 찾아낸다

휴대용 탐지기로 환자의 몸을 탐색하여 의치 등의 금속제품을 찾아내거나, MRI 장치 주위에 놓인 기구 중 금속성분이 들어있는 것은 없는지 점검한다. MRI 검사실 입구에 금속 탐지기를 설치한다면 점검을 빠트릴 확률이 줄어들 것이다.

그러나 이런 방법이 완벽하게 사고를 방지할 것이라고 장담할 수는 없다. 예를 들어, 환자의 아이라인 문신에 미량의 금속 안료가 들어있다면, 보통 탐지기로는 그것을 쉽게 발견할 수 없다. 이런 사항은 환자에게 묻지 않으면 알 수가 없는 데다가, 환자 자신조차 문신의 안료 성분에 대해 모를 수 있다.

이렇게 MRI 검사실에서 금속을 완벽하게 배제하기 어렵다면, 그곳에는 항상 금속제품으로 유발되는 사고의 위험이 있다고 생각해야 한다. 그리고 이런 전제하에서는 다음과 같은 대책을 생각해볼 수 있다.

② MRI 장치를 개량한다

MRI가 처음부터 최대 출력을 내는 것은 매우 위험하므로, 사용 시 점진적으로 자력을 강화시키는 방식을 택하도록 한다. 그러면 금속제품이 날아가기 전에 움직이기 시작할 것이고, 그것을 보고 이상을 알아차릴 수 있을 것이다. 또한 MRI 장치가 자체적으로 금속의 존재를 감지하여 자동 정지되는 기능을 갖도록 해도 좋다.

철과 다른 금속은 자력에 대한 감수성이 다르다. 철은 자성체이므로 현격하게 흡착력이 강하다. 그러므로 모든 기구를 비금속으로 전환하지는 못하더라도 가능한 한 철 이외의 금속으로 바꾸어가는 것이 바람직하다.

장치 자체의 개선뿐만 아니라 운영적 측면도 생각해보면, 무엇보다도 MRI 검사실 내의 물품을 정리하고 고정하는 일이 중요하다. MRI의 계측에 필요하지 않은 물품이 주위에 있다면 치우도록 한다. 그리고 꼭 필요한 물품은 철제품이 아니더라도, 만약을 위해 움직이지 않게 단단히 고정해놓아야 할 것이다.

③ 헬멧을 착용한다

공학적 감각으로 보면, 강력한 자력의 MRI를 가까이 하는 사람들에게 헬멧 착용을 의무화하지 않는 것은 이해하기 어려운 일이다. MRI 검사실은 그 안에 철제품이 있다면, 그것이 탄환처럼 날아들 수도 있는 위험한 현장이다. 따라서 개인보호구의 착용은 당연한 일이라고 볼 수 있다. 비금속제의 보호복 외 헬멧을 착용하면 안전도를 현저하게 높일 수 있다. 2008년, 베트남에서는 자전거를 탈 때 의무적으로 헬멧을 쓰도록 했는데, 이때부터 사망자 수가 12퍼센트나 감소했다.

　이렇게 헬멧은 안전의 수단이라고 할 수 있다. 하지만 분야에 따라서는 그 효과가 잘 알려져 있지 않고, 착용을 강제할 수도 없기 때문에 활용하지 않는 경우가 많다. 기계산업 분야에서도 제조현장에서 일할 때나 외주 설치 공사를 나갈 때는 헬멧을 쓰는데, 유지·보수 관련 작업을 할 때는 사용하지 않는 경우가 많다. 안전을 연구하는 필자로서는 매우 안타까운 일이다.

4. 안전 대응의 양면성

문제가 생기면 안전 대응을 하라고 하는데, 이것은 이상을 발견했거나 망설임이나 의심이 생겼다면 안전한 방향으로 그 사태를 전환하라는 뜻이다.

《츠레츠레구사》 중에는 '요시다라는 승마선수'라는 이야기가 나온다. 이 이야기에서 요시다라는 승마의 명수는 승마술의 비결에 대해 이렇게 말한다. "말과 마구를 잘 관찰하여 신경이 쓰이는 것이 있으면 절대로 그 말에 타지 않는 것입니다." 이는 곧 위험이 있을지도 모르는 말에 타지 않는 것이 안전 대응이라는 뜻이다.

이러한 사례는 산업현장에서도 볼 수 있는데, 이상 발생 시에는 작업 중단이나 기계 작동의 정지가 안전 대응이 된다.

휴먼에러에 의한 사고를 방지할 때도 우선 정지한 후 안전 대응을 한다는 발상은 중요하다. 비록 문제가 일어나도 일단 멈춰서 그 이상의 확산을 막을 수 있다면 이후 안심하고 다시 작업에 착수할 수 있는 것이다.

그런데 이런 '중단'의 안전 대응이 오히려 위험을 부를 때도 있다. 국철은 1962년의 미카와시마 사고를 교훈 삼아, 작은 사고가 일어나도 우선 주변의 모든 열차를 정지시키도록 했다. 그러나 이 안전 원칙이 엉뚱한 결과를 낳은 특수한 경우가 벌어졌다. 1972년, 호쿠리쿠 터널에서 화재 사고가 일어난 것이다.

호쿠리쿠 본선의 호쿠리쿠 터널은 전체 길이가 약 14킬로미터나 되는, 당시 전국에서 두 번째로 긴 철도 터널이었다. 그런데 오사카발 아오모리행 야간 급행열차가 이곳을 지나가던 중 공교롭게도 식당차에서 화재를 일으켰다. 열차는 사고가 나면 바로 멈추라는 원칙에 따라, 터널 입구를 5킬로미터쯤 지난 지점에서 멈춰섰다. 곧 화재는 더욱 심각해졌고, 근처에 출구가 없는 터널 한가운데에서 피할 곳을 찾을 수 없었던 승객들은 겁에 질려 우왕좌왕할 수밖에 없었다. 그리고 결국, 일산화탄소 중독 등으로 인해 30여 명이 사망하고 말았다.

이 사건 이후 규칙이 개정되었다. 사고가 일어나면 열차를 멈추는 것이 원칙이지만, 터널 안에서 화재가 일어나면 그곳에서 빠져나오는 것을 우선으로 하라는 내용이었다.

2011년, 후쿠시마 제1 원자력발전소 사고에서도 안전 대응의 역전 현상이 있었다. 쓰나미로 발전소가 정전이 되자 비상용 복수기의 격리 밸브가 자동으로 닫혔다. 먼저 원자로 격리를 확보하는 것이 안전 대응이라는 생각에서 비롯된 설계였다. 하지만 실제로 밸브가 열려있었다면 원자로 냉각에 일조했을 것이다.

이렇게 안전 대응의 원칙은 상식적으로는 단순하고 명료해 보이지만, 예외적인 경우에는 대처하기가 어렵다. 그런 경우를 처음부터 생각할 수 있다면 좋지만, 예상외의 사고를 경험하지 않는 한 그러한 뜻밖의 경우를 미리 알기란 쉽지 않은 것이다.

▼문제 안전 대응을 설정하는 좋은 방법은 없을까?

▲해답 제대로 된 안전 대응을 설정하기 위해서는 다음과 같은 원칙을 지켜야 한다.

① 딜레마를 제거한다

경우에 따라 안전 대응이 역전하기도 하는데, 이런 딜레마가 사고를 유발한다. 그러므로 무엇보다, 딜레마를 유발할 수 있는 요소를 제거해야 한다. 이런 문제는 새로운 기술을 도입하면 해소할 수 있는 것이 많다.

예를 들어, 터널 안에서 열차 화재 사고가 난 뒤 차량의 불연화, 난연화가 추진되었다. 이렇게 화재에 강한 소재를 이용하면, 열차 사고 시의 안전 대응이 역작용을 일으키는 일을 막는 데 조금이나마 도움이 될 것이다. (사실 이런 노력에도 2011년에 JR 홋가이도 열차가 터널 내 화재 사고를 일으켜, 자칫 호쿠리쿠 터널 사고가 재연될 뻔 했다. 기계는 가연성이라고 생각하고 조심하는 것이 좋다.)

② 조작이 용이한 방법을 선택한다

조작하는 대상을 바꾸면 안전 대응이 용이한 경우가 있다.

어느 금속열처리 공장에서 철의 담금질 처리 장치의 기름에 불이 붙는 화재가 일어났다. 이 장치는 빨갛게 달군 철을 리프트에 매달고 유조에 넣었다 뺐다 하는 것이었다. 그런데 리프트가 고장을 일으키자, 공중에 매달려있던 철이 결국엔 기름을 가열하여 불이 난 것이다.

이때 리프트에 주목하면, 철을 높이 끌어올리거나 유조에 완전하게 넣어 식히는 방법으로 화재를 방지할 수 있었다. 하지만 고장 시에는 우선 기계를 중단시키는 안전 대응이 오히려 사고를 부른 것이다.

기름에 초점을 두고 생각해보면, 유조의 바닥에서 기름을 배출하는 방법이 있다. 이렇게 하면 철이 공중에서 열을 발산해도 화재가 일어나지 않는다. 즉, 리프트가 고장이 나더라도 우선 화재 방지를 할 수 있는 것이다.

안전 대응은 이렇게 실행이 단순 명쾌한 것이 좋다.

③ 단계적인 방어책으로 전환한다

안전 대응을 한 패턴으로만 설정하지 말고 여러 단계로 생각해둔다. 문제가 일어나면 그 심각성에 따라 각 단계를 선택할 수 있도록 해두는 것이다.

예를 들어, 원자력발전소의 원자로에서 문제가 있을 때, 그 심각성이 별로 크지 않다면 비상용 복수기의 격리 밸브를 닫도록 한다. 그 편이 방사성 물질 확산의 방지에 도움이 되기 때문이다. 그러나 모든 전원이 나가는 심각한 사태가 발생하면 밸브를 열도록 해야 한다. 또한 전원이 끊기면 밸브가 자동적으로 열리는 페일세이프 기능을 갖추는 것이 좋은데, 그때에도 그것이 큰 문제가 일어날 때 어떤 역효과를 내지는 않는지 검토해보아야 한다.

④ 동료 간에 정보를 교환한다

우선 기계를 멈추는 것도 중요하지만 본부에 집합하는 일이 좀 더 중요할지도 모른다. 작업자가 당황하여 서로 간에 커뮤니케이션을 못하게 되면 작은 사고가 대형 사고로 발전할 수 있다. 커뮤니케이션을 확보할 수 있는가의 여부가 대형 사고로 이어질 것인가 아닌가를 결정한다고 할 수 있다.

가장 중요한 것은 이상이 발생 시의 작업자 위치이다. 위치 설정으로 각 작업자의 확인 사항과 행동 지침도 결정된다. 사전에 위치를 정해두면 누구에게 정보를 물어야 하는지, 또 누구에게 지시를 내려야 하는지 몰라 헤매는 일도 없어진다.

그러므로 사고나 화재 발생에 대비해 작업자의 배치를 미리 정해 두도록 한다. 이때는 각자가 헛수고 없이 역할을 분담할 수 있는 담당 구역을 맡는 일이 안전 대응이 되는 것이다.

5. 방향치에 의한 휴먼에러의 방지

방향치도 휴먼에러의 한 요소가 된다. 방향치는 기본적으로 자신의 현재 위치를 파악하지 못하는 것인데, 목적지의 위치, 그곳으로 가는 경로, 긴급 상황 시의 대피 루트 등을 모르는 것도 넓은 의미에서 방향치에 포함된다.

방향치의 첫 번째 원인은 선입견이라 할 수 있다. 예를 들어, 지하철역이나 기차역 등에서 화장실을 찾지 못해 헤매는 사람은 역의 화장실은 역사 안이나 개찰구 가까이에 있다는 선입견을 가지고 있기 때문이다.

두 번째 원인은 거리나 각도를 잘못 느끼는 감각이다. 인간은 거리를 짧게 느끼는 경향이 있고, 어중간한 각도를 잘 파악하지 못한다. 90도나 180도와 같은 확실한 각도는 비교적 정확하게 인식할 수 있지만, 중간 정도인 40도나 60도를 보면 45도라고 느끼는 경향이 있는 것이다. 이것은 각도를 45도씩 나누어 8방(方)에 가깝게 인식하는 경향 때문이다.

복잡한 길을 계속 걸으면 점점 자신이 가고 있는 방위를 알 수 없게 되는데, 이는 어중간한 각도의 각을 돌 때에 자신이 향하고 있는 방향을 잘못 인식하여 그 오차가 쌓이기 때문이다.

1982년에 일어난 뉴재팬 호텔 화재 사건[16]은 사망자가 33명에 이르는 대참사였다. 이 호텔의 복도는 거북이의 등 모양과 같은 독특한 형상이다. 중앙의 엘리베이터 홀에서 뻗어나가는 복도는 120도 각도로 세 방향으로 나뉘어있었고, 그 각각의 복도도 조금 나아가면 다시 120도로 열린 Y자형으로 나뉘어 뻗어나갔다. 이렇게 형태가 같은 Y자 분기점이 네 개 있었는데〈도형 29-1〉, 이러한 설계는 창이 있는 방을 많이 만들 수 있는 이점이 있고 통일감이 있는 아름다운 디자인이라고 볼 수도 있었다.

그렇지만 화재가 발생하자 이런 모양이 대피를 방해하는 꼴이 되었다. 인간은 120도의 굽은 각을 돌 때 90도 또는 135도 정도로 느끼기 때문이다. 더군다나 연기로 앞이 보이지 않는 상황이었으니 이때 피해자들은 복도를 180도로 느꼈을지도 모른다. 그리고 혼동하기 쉬운 Y자형 분기점 때문에 사람들은 대피, 소화, 구출 시에 크게 당황하게 되었다.

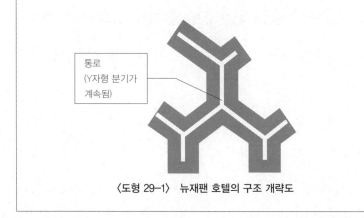

통로
(Y자형 분기가
계속됨)

〈도형 29-1〉 뉴재팬 호텔의 구조 개략도

▼**문제** 방향치에 의한 휴먼에러를 방지하려면 어떻게 해야 할까?

16 참고문헌: 소방화재 박물관《특이한 화재 사건 뉴재팬 호텔》http://www.bousaihaku.com/ bousaihaku2/images/exam/pdf/b016.pdf

선입견에 대한 대책은 선입견에 거스르지 않는 것이다. 다음은 대표적인 선입견들로, 일반적으로 통용된다.

① 중심부가 있을 것이다. '역의 중심에는 역사가 있고, 거기에는 화장실 등의 기능이 집중되어있을 것'이라는 생각이 이에 속한다.

② 상하의 위치는 자연스러울 것이다. 예를 들면, '지하철역의 출구는 상층에 있을 것'이라는 생각이다.

③ 넓은 통로는 좁은 통로보다 중요할 것이다. '넓은 복도는 현관이나 엘리베이터로 통하고, 넓은 도로가 우선도로일 것'이라는 생각 등이다.

④ 다른 유사물과 같을 것이다. '호텔 객실의 배치는 옆방과 같을 것이며, 생산라인의 배치는 같은 회사의 다른 라인과 비슷할 것'이라는 선입견 등이 이에 속한다.

설계 단계에서 이러한 선입견을 거스르지 않으려면 전체적인 표를 그려야 한다. 국소적으로 아무리 좋은 설계를 한다 해도 전체적인 조화를 이루지 않으면 안 된다.

잘 설계된 건물이나 도시에는 중심과 변경, 상하, 넓고 좁음의 서열이 있다. 예를 들어, 동경의 중심부에는 도쿄타워가 있는데, 타워를 멀리서 보면 자신이 도심으로부터 어느 방향으로 얼마나 떨어져 있는지 알 수 있다. 프랑스 루브르 미술관의 중앙 현관은 유리로 된 피라미드이다. 이 피라미드는 한 기준이 되어 미술관 안에서 길을 잃더라도 이것을 지표로 삼으면 길을 찾을 수 있다.

선입관을 전부 뒤집어서 사람들이 길을 잃게 만드는 성이 있기도 하다. 히메지 성[17]의 정문은 본성인 천수각에서 떨어진 의외의 장소에 있고〈그림 29-1〉, 천수각으로 가는 최단 통로도 유별나게 좁게 나있다. 선입견이 통하지 않는 장소로서 이 성만큼 참고가 되는 교재는 없을 것이다.

거리나 각도에 대한 착각 방지 대책에는 그리드 시스템(Grid System: 격자형 패턴에 따라 건물·도시를 계획하는 방법) 이용이 기본이다. 건조물을 모두 방안지의 선을 따라 배치하는 것인데, 예를 들면 헤이안교[18]는 같은 간격으로 평행하는 선이 격자를 이루는 바둑판 모양으로 통로를 만들었다. 일본 건축에서 방의 크기와 모양은

---

17 효고 현 히메지(姬路)에 있는 성이다. 14세기 중엽 아카마쓰 사다노리가 지은 것을 17세기 초에 이케다 데루마사가 확장하여 현재의 모습을 완성하였다. —옮긴이

18 헤이안교(平安京)는 간무천황(桓武天皇)이 794년에 나가오카(長岡京)에서 옮겨와, 1868년에 도쿄(東京)로 옮겨가기까지 수도로 삼은 곳이다. 현재 교토(京都市)의 중심부이다. —옮긴이

다다미 형에 따라 설계되어, 각도는 직각이고 길이도 일정 길이의 정수배가 되기 때문에 잘못 인식하는 경우는 없다.

　스스로 길을 잃지 않도록 주의를 기울이는 것도 중요하다. 자신이 길을 잘못 들어섰을지도 모른다는 불안을 느낀다면, 바로 멈추고 때로는 출발 지점으로 되돌아가야 한다. 그리고 현재 위치를 판단할 때에는 반드시 복수의 정보에 근거를 두도록 한다. '이 길은 폭 넓이로 보아 큰길임에 틀림없다' 등과 같은 지레짐작을 하면 안 되는 것이다. 또한, 사람들에게 물어보는 품을 아껴서도 안 된다. 1902년, 핫고우다 산 설중행군 조난사건[19]도 지역 주민에게 길 안내를 받았다면 그런 비극으로 이어지지 않았을지도 모르는 일이다.

〈그림 29-1〉 의외의 장소에 위치한 히메지 성의 입구

19　핫고우다 산 설중행군 조난사건(八甲田雪中行軍遭難事件)은 1902년에, 아오모리 연대가 눈이 내린 핫고우다 산에서 행군 연습을 하다가 조난을 당해 210명 중 199명이 사망한 사건이다.

6. 누구나 오류를 범할 수 있는 함정들

"인간은 왜 착각을 하는 것일까?" 이 질문에 답하기는 어렵다. 상식적으로는 지적 능력이 부족하거나 경험이 별로 없는 것이 착각이나 실수의 원인인 듯 생각된다. 그러나 상식적으로는 전혀 설명되지 않는 경우도 있다. 지적 능력이 높고 경험이 풍부한 사람도 착각할 수 있는 함정 문제가 존재하기 때문이다. 그러한 대표적인 사례를 몇 가지 소개하고자 한다.

---

① 군마 현의 군청 소재지는 다카사키인가, 다카자키인가?

흔한 대답 이 지명(高崎)은 탁음이 아니므로 '다카사키'로 읽어야 한다. 답은 첫 번째이다.

② 램프가 점등되면 버튼을 누르라는 규칙이 있다. 작업자가 이 규칙을 잘 지키고 있는지 확인하려고 한다. 어떠한 장면을 주시하면 좋은가?

흔한 대답 램프가 점등되었을 때 작업자가 버튼을 누르는지 주시하고, 작업자가 버튼을 눌렀을 때 램프가 점등되어있는지 주시한다.

③ 죄수 A, B, C가 있다. 간수가 그중 한 명만이 사면으로 석방될 것이라고 알렸다. 이 시점에서 A가 석방될 확률은 3분의 1이다. 죄수 A는 궁금증을 참지 못하고 몰래 간수에게 물었다. "B와 C는 중 적어도 한 명은 석방되지 않을 것 같은데, 누가 감옥에 남을지 알려주시면 안 됩니까?" 이

에 간수가 "C는 석방되지 않을 것입니다"라고 대답하자 A는 "그렇다면 내가 석방될 확률이 2분 1이 되었네요!"라며 좋아했다. A가 석방될 확률은 정말로 2분의 1인가?

흔한 대답 석방될 가능성이 있는 것은 A와 B이고, 두 사람의 상황에는 차이가 없기 때문에 A가 석방될 확률은 2분의 1이 맞다.

앞에 기술한 대답은 모두 오답이다. 사람들은 뭔가 석연치 않은 점이 있다고 느끼면서도 대부분 흔한 오류를 범한다. 문제가 난해하면 어쩔 수 없지만, 평범한 문제에서 우리 모두가 거의 나 속아 넘어가는 것은 어찌 보면 딱한 일이다.

① 정답은 마에바시(前橋)이다. 선택 목록 중에 반드시 정답이 있다고 생각해서는 안 된다.

② 답의 전반부는 맞지만 후반부는 틀렸다. '작업자가 버튼을 누르지 않은 경우에 램프가 점등되어있지 않은지 주시한다'가 올바른 답이다. 여기서는 논리학의 '대우(쌍을 이루는 것)의 경우'를 말해야 하는데, 인간은 그에 주의를 잘 기울이지 못한다.

③ A가 석방될 확률은 3분의 1 그대로이다. 간수가 석방되지 않을 죄수로서 B나 C 중 한쪽을 말하리라는 것은 애초부터 알고 있었던 사항이고, 그 말에 따라 A의 상황이 변하는 것은 아니다. 한편, B의 석방 확률은 3분의 2로 올라간다. B는 C와의 경쟁에서 살아남았기 때문이다.

▼**문제** 지시가 함정 문제가 되지 않도록 하려면 어떻게 해야 할까?

▲**해답** 다음과 같은 인간 지능의 약점을 피할 수 있도록 지시를 내리면, 함정 문제와 같은 지시를 내리는 일을 막을 수 있다.

① **약점 1 : 부정형**

- "○○이 아니라면" 이라든가 "○○하지 않는다"라고 하는 부정형은 오해를 유발하기 쉬우므로 지시에는 쓰지 않는다.
- 다중 부정은 절대 금지한다. 어느 회사의 매뉴얼에는 실제로 '왼쪽의 기재에 해당하지 않는 경우에는 A를 하지 않는다. B는 아니어야 한다'고 쓰여있었다. 이때 무엇을 어떻게 해야 할지 자신 있게 판단할 수 있는 사람은 별로 없을 것이다. 이 문장은 '왼쪽의 경우에는 A를 하라. B의 경우는 해당 사항 없음' 정도로 표현해야 한다. 보다 명료하게는 '방법 1: B라면 바로 작업을 중지하고 통보하라. 방법 2: A를 하라'로 쓸 수 있을 것이다. 지시 행동을 정확히 한 단계씩 써야 매뉴얼의 독자가 혼동하지 않는다.

② **약점 2 : 한 군데로의 주의 집중**

인간은 생각을 시작하면 넓은 시야를 잃고 한곳에만 주의를 집중하기 쉽다. 그래서 처음에 '다카사키'인지 '다카자키'인지를 고르는 것으로 생각의 범위가 한정되면 그 이외의 선택 사항이 있을 수 있음을 잊게 된다.

인간은 특정 문제를 깊게 생각하기 시작하면 큰 시야를 잃어버리는 결점이 있다. 그렇기 때문에 몰입도가 높은 작업을 수행할 때는 작업자의 시야를 넓히기 위한 연구를 해야 한다. 예를 들면, 중대한 조작을 할 때는 하나의 사항에만 몰입하지 않도록 해야 하는 것이다. 이를 위한 효과적인 방법은 작업 현장 전체를 둘러보고 손으로 가리켜 점검 사항을 확인하고, 그 후에 실행 절차를 작업 방식으로서 몸에 익히는 것이다.

③ 약점 3 : 계산의 착오

인간은 계산이 어렵다고 생각한다. 특히 비율이나 확률을 다룰 때에 분수적인 수치를 정확하게 이미지화하는 것을 어려워해 계산 실수를 많이 일으킨다. 역으로 보면, 수량을 적절하게 이미지화할 수 있다면 계산 착오는 크게 줄어들 것이다.

계산 착오 방지 대책은 수량을 그래프 등을 이용해 시각적으로 정확하게 이미지화하는 것이다. 그리고 작업자가 그것을 익히게 해야 한다. 이미지가 잘못되어있으면 계산기를 사용하더라도 잘못된 계산을 할 수 있다. 그러므로 정확한 이미지화가 중요하다.

7. 점검 지시를 하는 방법

2012년 1월에 실시된 대학입학시험에서는 앞서 다룬 문제 이외에도 다른 문제들이 드러나 세간을 어수선하게 했다.

그중 하나가 영어 청취 시험 기자재가 시험장에 도착하지 않은 것을 시험 당일까지 아무도 몰랐다는 사실이다. 너무나 기본적인 사항에서 실수가 일어나 믿을 수가 없었지만, 조사를 해보니 그 나름대로의 사정이 있었다.

이러한 문제가 일어난 시험장은 동일본대지진이 일어난 지역에 있었고, 그해 특별히 증설된 시험장이었다. 지진 피해로 시험장 자체나 교통 인프라, 숙박 시설에 문제가 생겨 수험생이 기존 시험장을 이용할 수 없고, 그렇다고 다른 지역까지 가기도 어려워 시험장을 증설한 것이다. 그래서 그 시험장에 배치된 관계자들은 처음 와보는 시험장이 낯설었다.

시험을 치르는 일에는 막대한 물품이 필요하다. 시험의 문제지와 답안 용지의 양만 해도 엄청난 데다가, 수험생마다 다른 시험 과목 일람표, 수험생 본인임을 확인하는 도구, 감독관용 매뉴얼, 간판이나 포스터 같은 게시물 등 준비해야 할 것이 한두 가지가 아니다. 이러한 것들은 대학입시센터에서 지역별 본부에 전달되어 그곳에서 릴레이식으로 각 시험장으로 배송된다. 그런데 배송 단계에서 지역 본부가 음성 플레이어를 빠트린 것이다. 본부도 대개 시험장으로 활용되기 때문에 준비를 하느라 분주했다.

시험장 관계자들도 당연히 물품이 도착했는지 점검했어야 했다. 그러나 쓸데없는 점검을 하는 것은 아닌가 하는 정반대의 심리도 움직이고 있었다. 그래서 본부에서 보낸 물품은 점검을 하는 둥 마는 둥 하고, 모두 금고에 넣은 뒤 시험 당일까지 누구도 접근할 수 없도록 했다. 시험 문제지가 시험 시작 전에 도난당하면 큰일이라는 점에만 신경을 쓴 것이다.

이렇게 해서 실수가 정정되지 못하고 사고로 이어지는 결과가 나왔다. 귀한 나무 불상을 모셔두었던 벽장을 열어보니 불상을 벌레가 파먹어 나무 부스러기만 수북하게 쌓여있었다는 이야기와 같은 결말이었다.

적절한 점검을 하라는 매뉴얼의 지시는 있었을까? 분명히 매뉴얼에는 '○○하면 정확하게 되어있는지 확인한다'라고 명시되어있다. 점검을 하다 말고 내버려두어도 좋다고는 어디에도 쓰여있지 않다. 그렇지만 그 정도로 권장해서는 담당자가 만을 기해 점검하도록 할 수 없었던 것이다.

▼**문제** 그렇다면 점검은 어떻게 지시하는 것이 좋을까?

▲**해답**

점검의 요령은 객관적으로 알기 쉽게 실시하는 것이다. 사실 지금 자신이 하고 있는 작업을 점검하기는 어렵다. 작업자는 자기 작업에 오류가 없다고 믿게 되므로, 자가 점검은 겉핥기식으로 끝날 뿐이다. 이것을 자기정당성 성향이라고 한다. 자신을 타인과 같이 객관화해서 보지 않으면 옳은 점검을 할 수 없다. 또 작업 과정 중에 점검이 포함되어있으면 점검의 정밀도가 떨어진다. 작업 과제를 빈번하게 바꾸면 인간은 서툴게 일할 수밖에 없기 때문이다.

대학입학 수능시험은 이러한 어려움이 겹쳐있었다. 운영 관계자는 여러 가지 일을 동시에 병렬적으로 할당받아, 각각의 작업을 하는 중에 간간이 점검도 하라는 지시를 받았던 것이다〈도형 31-1〉. 이러면 주의가 산만해져 점검에 집중할 수 없다. 정확한 점검을 위해서는 이와는 정반대로 해야 한다. 즉, 작업에서 독립하여 일제히 같은 시간에 점검을 실시해야 하는 것이다〈도형 31-2〉.

초등학교의 선생님은 소풍을 갈 때 학생들에게 준비물 목록을 나누어주고 전날 밤에 점검하도록 한다. 이처럼 준비 작업이 모두 끝

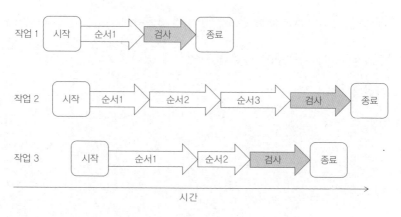

〈도형 31-1〉 각 작업에 포함된 산발적인 점검

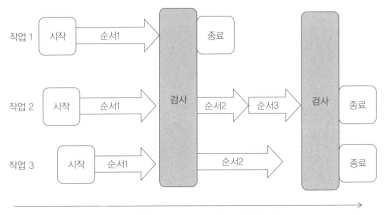

〈도형 31-2〉 각 작업으로부터 독립시켜 일제히 실시한 점검

난 후에 점검을 하도록 하는 것이 자기정당성 성향을 배제하는 핵심이다.

작업하는 시간에는 작업만 하고, 점검하는 시간에는 점검만 해야 한다. 이렇게 일을 나눠야 작업하는 사람이 편하게 마음을 전환할 수 있고, 이에 따라 자연히 점검도 정확해진다. 대학입학 수능시험 때에도 '시험 전날 오후 4시에 일제히 점검한다' 등의 지시를 내린 후, 점검표를 나눠주고 물품을 확인하게 했다면 사고를 방지할 수 있었을 것이다.

8. 리스크 감수성의 분석

  사고 방지를 위한 가장 중요한 마음가짐은 위험한 것을 위험하다고 인식하는 것이다. 즉, 리스크를 알아차리는 능력(리스크 감수성)이 안전을 유지하는 근본이다.

  수필집 《츠레츠레구사》에서도 이 점을 강조하고 있다. 앞서 소개했지만, 이 책에는 요시다라는 이름의 승마 명인이 등장한다. 그가 말하기를 승마의 비결은 세 가지밖에 없는데, 그 첫째가 말의 힘이 압도적으로 강하기 때문에 인간이 대항할 수 없음을 아는 것이고 둘째가 말의 장점과 단점을 아는 것이다. 그리고 마지막이 안장 등의 도구에 거슬리는 점이 있다면 말에 타지 않는 것이었다. 즉, 이것은 리스크에 주의하라는 의미이다.
  리스크 감수성은 일의 경험이 쌓이는 데 따라 변해간다. 그 변화의 방법은 업종의 차이에 따라 다르지 않고, 오히려 공통되는 면이 있다. 역시 앞서 말했듯이, 필자가 건설현장 작업자와 은행 사무원을 대상으로 리스크 감수성에 대한 조사를 실시한 적이 있는데, 두 군데에서 나온 결과는 매우 비슷했다.
  조사에서는 직장이나 작업에 잠재한 리스크를 하나씩 집어내고, 그에 대해 느끼는 공포를 대·중·소로 나타내보라고 했다. 그 결과 다음과 같은 결론을 얻을 수 있었다.
  경험이 별로 없는 신입사원 단계에서는 리스크 감수성이 신축성이 없거나 과잉되는 경향이 있다. 즉, 리스크가 큰 것과 작은 것을 구별하지 못하는 것이다. 예를 들어, 발판에서 추락하는 사고와 낙뢰를 맞는 사고에 대한 두려움의 정도가 비슷한 식이다. 실제로는 발판 추락 사고의 빈도가 높고 따라서 그 리스크도 매우 높지만 신입들은 그 차이를 잘 모른다.

또한 신입사원은 리스크를 크게 느끼는 경향이 있다. 신입 은행원 대부분은 현금으로 천만 원 이상의 대금을 다룰 때는 매우 긴장한다고 대답했다. 그렇지만 은행에서 그 정도의 현금을 다루는 것은 특별한 일이 아니다.

오랜 경험을 가진 숙련자들은 리스크 감수성에 신축성이 있었다. 평상시 일을 하는 가운데 종종 느끼는 리스크에 대한 경계심은 느슨하지 않지만, 경험한 적 없는 사고에 관한 리스크는 작게 느끼고 있었다. 예를 들면, 마감 시간에 가까워 서두르게 되는 작업은 평상시에도 자주 있는 일이고, 사고가 일어날 리스크가 비교적 크다고 대답했다. 그런데 사다리에서 떨어져 부상당하는 사고의 리스크는 직접 그런 경험을 한 사람을 빼고는 비교적 작다고 생각하고 있었다. 숙련자가 사다리를 잘못 사용하여 추락하는 사고가 많은 것은 이러한 방심 때문이다. 숙련자에게도 그 나름의 안전 사각지대가 있는 것이다.

▼문제 리스크 감수성에 대한 조사를 실시하여 직장의 리스크를 분석하려면 어떻게 하면 좋을까?

참가자의 경력 연차에 따라 조사 결과를 분류하고, 경험의 많고 적음에 따라 각 리스크에 대한 두려움의 크기에 차이가 있는지 조사해본다.

그다음에 네 가지 패턴으로 유형화하여 리스크 대처법을 착안하도록 한다.

① 신입도 숙련자도 두려워하는 리스크

이것은 아무리 경험을 쌓아도 두려움이 줄지 않는 리스크이다. 이러한 공포가 직장에 있어서는 안 된다. 근본적인 개선을 하여 바로 직장에서 제거해야 한다.

② 신입사원일수록 두려워하는 리스크

이런 리스크는 작업자 각자가 경험을 쌓고 기능을 높여 감소할 수 있다. 그러므로 이 리스크에 중점을 둔 교육과 훈련을 시키는 것이 하나의 해결법이다. 또한 작업 용이성을 높이는 도구(보조 장치)를 지급하는 방법도 있다. 그러면 기능이 떨어지는 신입이라도 훈련 없이 바로 일을 처리할 수 있어 보다 효과적이다.

③ 숙련도가 높을수록 두려워하는 리스크

이것은 공포가 직감적으로는 전해지기 어려운 리스크이다. 주의해야 하지만 잘 눈에 띄지 않는 것 등 경험을 쌓지 않으면 간과하기 쉬운 작업이 이러한 리스크를 갖고 있다.

2000년, 일본의 어느 병원에서 간호사가 인공호흡기의 가습기에 에탄올을 주입하여 환자가 사망한 사고가 있었다. 증류수와 에탄올의 용기가 매우 흡사하여 에탄올을 증류수로 착각한 것이다. 하지만 한눈에 용기를 구별하는 것과 같은 사소한 능력은 경험을 쌓지 않으면 갖출 수 없다. 이러한 리스크는 신입사원 또한 사고의 희생자로 만드는 복병이기 때문에 직장에서 제거해야 한다. 그리고 제거가 불가능한 경우에는 신입연수에서 일순위로 경고해주는 수밖에 없다.

④ 신입사원도 숙련자도 두려워하지 않는 리스크

조사에 답을 한 사람의 의견이 옳다면 이것은 무시해도 되는 리스크일 것이다. 그러나 모두가 안전에 대한 지나친 믿음으로 방심하고 있을 뿐인지도 모른다. 정말로 이 리스크에 관련된 사고가 일어날 일이 없는지 조사하여, 사고 방지 노력에 한 치의 빈틈도 없도록 해야 한다.

앞의 네 가지 유형을 표로 정리하면 다음과 같다〈표 32-1〉.

	신입사원	숙련자	소견
①	무섭다	무섭다	숙련된 기능과 경험으로도 대처하기 힘든 높은 리스크 • 직장에서 바로 제거해야 한다
②	무섭다	무섭지 않다	기능과 경험으로 극복할 수 있는 리스크 • 교육과 훈련이나 도구(보조 장치) 제공으로 신입사원을 지원한다
③	무섭지 않다	무섭다	신입일수록 덫에 걸리기 쉬운 리스크 • 제거할 수 없는 경우 신입연수를 통하여 주의하도록 경고한다
④	무섭지 않다	무섭지 않다	무시해도 좋은 리스크 또는 모두 방심하고 있는 리스크 • 어느 쪽인지 사고의 발생 상황을 조사한다

〈표 32-1〉 경력과 리스크를 느끼는 방식 차이에 따른 리스크 대처법

9. 즉각적 반응에 취약한 시스템

때를 놓치기 전에 이상을 감지하고 대처하면 사고에 이르지는 않는다. 그러므로 실수를 하는 것보다 이상을 빨리 감지하지 못하는 것이야말로 치명적인 휴먼에러라고 할 수 있다.

구체적으로 일마니 빨리 이상을 감지하면 때를 놓치지 않을 수 있을까? 제어 공학에 따르면, 그 시간의 여유는 시스템의 총명함과 민첩함에 따라 정해진다.

이 문제에 대한 예로, 1988년에 프랑스에서 일어난 아브셰임(Habsheim) 공항 추락 사고를 들 수 있다. 이 사고는 신형 비행기가 에어쇼에서 비행을 하던 절정의 순간에 일어났는데, 당시 많은 관객이 추락 과정을 처음부터 끝까지 촬영해서 현재 인터넷 등에서 그 동영상을 볼 수 있다.

이때 기장은 신형 비행기를 관객에게 확실하게 보여주려고 저공으로 천천히 날았다. 그런데 생각보다 더 낮은 고도에서 저속으로 비행하여 숲 속 나무에 곧 부딪칠듯한 상황이 되었다. 당황한 기장이 엔진의 출력을 높이는 조작을 했는데, 아이들링(Idling: 무부하 운전. 기관 등을 저속으로 공전시키는 상태를 가리킴) 상태의 엔진이 기체를 들어 올릴 정도의 추력을 발휘하기까지는 수 초가 걸렸다. 그리하여 엔진의 출력 상승이 늦어져 추락하고 만 것이다.

만약 이 엔진이 조작에 늦지 않고 민첩하게 반응할 수 있었다면 추락 사고를 막을 수 있었을 것이다. 시스템의 총명하고 민첩함은 사고와 안전의 운명을 가르는 열쇠를 쥐고 있다.

그러나 현실적으로 시스템을 총명하고 민첩하게 만드는 것은 쉬운 일이 아니다. 특히 화학 플랜트에서는 지연 반응이 큰 경우가 많다. 일반적으로 그런 설비 시스템은 입구에서 한 방향으로 물질을 흐르게 하고, 출구 부근에서 반응하지 않는 물질은 회수하여 입구로 되돌리는 순환을 하고 있다. 비반응 물질은 회수하여 재사용하지 않으면 버려야 해서 아깝기도 하고, 보통 독성이 있어서 간단하게 처리할 수 없기 때문이다. 설비 시스템 내부는 대량의 물질이 순환하고 있어서, 설령 입구에서 물질 투입을 멈춘다 해도 화학 반응이 줄줄이 계속된다. 따라서 설비 시스템이 폭발 위험에 처해도 이를 급정지시키는 일이 어려운 것이다.

생각해보면 폭발 위험이나 독극물 중독의 위험은 잘 알려져 있지만, 제어공학 분야의 상식에 해당하는 시스템의 저속 반응에 내재한 위험은 그다지 알려져 있지 않다. '주의합시다! 차는 갑자기 멈출 수 없습니다!' 이 표어는 비단 자동차에만 해당되는 경고가 아닌 것이다.

▼**문제** 반응이 느린 시스템은 어떻게 운영하면 좋을까?

▲**해답**

정통적인 해결법은 시스템을 총명하고 민첩하게 반응하도록 개량하는 것이다.

이것은 시스템을 만드는 사람이 노력해서 기계를 업그레이드해야 한다는 이야기가 아니다. 시스템은 기계를 조작하는 사람과 기계의 공동체이다. 그러므로 기계를 총명하고 민첩하게 반응하게 하려면 조작하는 사람도 총명하고 민첩해야 한다. 즉, 먼저 시스템을 조작하는 사람에게 신속히 명령을 전달하고, 그 조작자가 유사시에 망설이지 않도록 평소에 훈련을 시켜야 하는 것이다.

시스템이 거대해짐에 따라 총명하고 민첩하게 반응하는 기능은 감소했다. 기계의 물리적인 작동 속도도 완만해졌고, 작업자가 동료 사이에 정보 전달과 의사 결정을 하는 데도 시간이 걸리게 된 것이다. 그런데 이렇게 되면 문제 대응이 늦어지므로, 시스템이 너무 커지면 분할과 권한 이양을 통해 총명함과 민첩함을 제고할 필요가 있다.

하지만 사고를 방지하는 가장 좋은 방법은 이상 발생 시에 시간 여유를 충분히 확보하는 것이다. 이를 위해서는 작업을 일단 멈추고 생각할 수 있도록 작업 과정을 개선해야 한다. 예를 들어, 크레인을 이용한 화물 적재 작업에서는 짐이 지면에서 떨어지는 순간에 일단 작업을 멈추고 매단 짐에 이상이 없는지를 점검한다. 점검하는데 몇 초가 걸려도 상관없다. 이렇게 작업 순서에 생각하는 시간을 주는 단락이 작업 순서에 포함되어있으면, 작업 전체에 여유가 생겨 사고의 싹을 제거하기 쉽다.

그러면 시스템의 반응 지연을 그 이상 줄일 수 없는 경우에는 무엇을 해야 할까? 이제는 인간의 지각 속도를 가속화하는 연구를 해야 한다. 시야를 확보하기 힘든 도로에서는 교통사고가 일어나기 쉽다. 전방 도로에서 이상 상태가 기다리고 있더라도 그 상황이 닥치기 전까지 알 수 없고, 알 때에는 이미 너무 늦기 때문이다. 하지만 시계가 확 트인 도로에서 몇십 초 앞에 노면 이상이 보인다면 유유히 브레이크를 밟아도 늦지 않다.

이상 감지 속도를 높이는 연구는 시스템과 관련해서도 소홀히 할 수 없다. 예를 들어, 경보기가 울리고 나서 5초 이내에 대처 조작을 하지 않으면 사고가 일어나는 시스템이 있다면, 시간 제한을 10초, 20초로 늘리는 방법을 생각해야 한다. 그러기 위해서는 센서나 검사 공정을 늘리고, 시스템 내부의 모습을 자세히 관찰할 수 있게 하는 것이 좋다. 그렇게 하면, 이상에 대한 감지를 빠르게 할 수 있고 시간적 여유가 생긴다.

센서 증설이 어려운 경우에는, 컴퓨터가 시뮬레이션 계산에 따라 앞으로 발생할 시스템 이상을 예측하는 방법을 쓸 수 있다. 태풍은 컴퓨터가 일찌감치 그 진로를 예측할 수 있어서, 도착 며칠 전부터 대책을 준비하고 피해를 줄일 수 있다. 이와 마찬가지로 사고도 미리 예측하고 대비하면 피해를 줄이고 피할 수 있는 것이다.

이번의 예측을 컴퓨터에 맡기게 된 것은 최근의 이야기이고, 과거에는 이 일을 숙련자가 오랜 경험에 기초하여 해왔다. 하지만 사고의 예지 능력은 경험에 바탕을 두는 것일 뿐만 아니라 훈련에 의해서도 기를 수 있는 것이다. 그런 훈련의 대표적인 예가 위험한 상황을 보여주고 사고의 리스크가 어디에 있는지 찾아내는 위험예지 훈련이다. 이렇게 앞을 예측해가며 일하는 태도를 몸에 익힌 작업자는 사고를 막을 수 있다.

위험예지 훈련은 중요하시만, 언제나 같은 내용만을 되풀이하면 싫증이 날 수 있다. 그러므로 가끔은 인터넷상에 있는 사고 영상을 이용하여 분위기를 환기시키는 것이 좋다. 다른 업종에서 발생한 사고일지라도, 대처가 늦어서 일어났다는 발생 원리는 같으므로 교훈을 얻을 수 있을 것이다.

10. 문제 관련 정보를 공유하는 방법

정보 공유는 사고 방지에 있어 가장 중요한데, 특히 나쁜 정보일 수록 공유해야 할 필요성이 커진다. 이를테면, 어떤 기계의 상태가 나쁘다든가, 어떤 절차에 시간 소요가 많다든가 하는 정보를 모든 사람이 공유할 수 있으면, 개선책을 세우고 위험에 주의를 기울여 사고 예방에 신경을 쓸 수 있는 것이다.

그런데 조직 내에서는 정보를 전달하기 어려워질 때가 많다. 특히 나쁜 정보는 더욱 그렇다. 어떤 업무에 대한 나쁜 정보를 발견하는 사람은 대개 담당자로 그 현상에 대한 책임을 갖고 있는 입장인 경우가 많다. 그래서 그런 정보를 공개하기보다 다른 사람이 알기 전에 스스로 고치거나 감추려고 한다. 그러므로, 앞서 소개한 항공모함 칼빈슨의 관리 방침처럼 사고 보고를 장려하지 않는 한, 나쁜 정보는 제대로 전달되지 않을 것이다.

또한 조직에 속하면 섣부르게 주위의 사람에게 동조하는 경향을 띠게 된다. 그래서 일에 뭔가 이상한 점이 있다는 생각이 들더라고, 혼자 목소리를 내려면 용기가 필요하다. 더군다나 동료가 책임을 물어야 하는 상황에서 이의 제기를 하기란 더욱 어렵다.

그래서 정보 공유가 실패한 예를 들면 끝이 없는 것이다.

• 핫고우다 산 설중행군 조난사건(1902년) : 일의 진행 중지나 개선의 조언을 무시하여 일어났다.

- 타이타닉호 침몰 사고(1912년) : 빙산으로 접근하고 있다는 경고 전신을 무시하여 일어났다.
- 마켓가든 작전 실패(1944년) : 작전 시작 전에 독일군 정예 부대가 나타났다는 정보를 입수했으나 은폐하고 결국 큰 피해를 입었다. 이후 〈머나먼 다리〉라는 제목으로 영화화되기도 했다.
- 국철 미카와시마 사고(1962년) : 이전에 발생한 사고에 대한 정보 공유 실패로 인해 대형 사고로 이어졌다.
- 일본 항공기 JAL 123편 추락 사고(1985년) : 기체 틈새로 바람이 들어온다는 정보가 정비 부서에 전달되지 않았고, 설계의 의도를 무시한 채 담당자가 임의적으로 수리를 한 것이 원인이 되었다.
- 환자 오인 수술 사건(1999년) : 수술 대상 환자가 맞는지 의심하는 의료진도 있었지만, 정확한 확인 없이 수술을 단행해서 일어났다.
- 방사선치료기 세락-25 오작동 사고(1985~87년) : 처음 사고가 일어난 후, 사고 관련 정보가 알려지지 않아 같은 종류의 사고가 연속해 일어나게 되었다.

어느 회사나 사고나 사건(작은 규모의 사고)이 일어나면, 그것을 보고하여 정보를 공유하도록 하는 제도를 갖추고 있다. 하지만 그 제도가 제대로 작동하지 않는 곳도 많다. 사고의 당사자가 보고서를 쓰는 것도, 안전관리 담당자가 보고서를 읽고 분석하는 것도, 그리고 일반 종업원이 분석 결과를 보고 현장에 반영하는 것도 시간이 매우 오래 걸리기 때문이다.

▼**문제** 관계자 전원이 참가하여 보다 효과적으로 정보를 공유하려면 어떻게 해야 할까?

▲**해답**

의견을 활발하게 내놓지 못하는 내성적인 성격의 직원도 비교적 쉽게 참여할 수 있는 방법을 소개한다.

먼저 약 다섯 명으로 한 조를 만들고, 조별로 큰 테이블에 둘러앉는다. "우리 직장에는 어떤 문제가 있습니까?"라는 질문을 하고 도형 34-1의 카드를 각 직원에게 세 장씩 나누어준다. 답은 서로 상의하지 말고 6분 안에 기입하도록 한다.

그다음 각자가 쓴 내용을 소리 내어 읽으면서 카드를 테이블 위에 놓는다. 내용이 비슷한 카드끼리 가까이 모아둔다. 직원들에게는 서로 상의하여 모으는 방법을 생각하도록 한다.

문제의 장소:
_____

문제의 대상:
_____

문제의 상태:
_____

문제 해결 방안:
_____

〈도형 34-1〉 지적 카드의 예

또 직장의 배치도를 테이블 위에 펼쳐두고, 문제가 있다고 생각하는 위치에 카드를 올려놓는 방법도 있다. 어떤 회사에서는 바쁜 아침회의 시간에는 카드를 쓸 시간이 없기 때문에, 각자 배치도를 보고 사고가 염려되는 곳에 자석을 놓아 서로에게 위험을 가르쳐주는 방법을 쓰고 있기도 하다.

이렇게 비슷한 의견의 카드를 테이블 위에 모아놓으면, 직원이 생각하는 위험 분포가 시각화되어 참가자의 인식이 공유된다. 이제 카드에 문제를 써넣고 내용별로 모으는 절차를 다시 한 번 반복한다. 즉, 다시 카드를 세 장씩 나누어주고, 조금 전과 같이 6분간 서로 상의하지 않고 직장의 문제점을 쓰게 하는 것이다. 그리고 카드를 테이블 위에 한데 모은다.

마지막으로, 각 조의 대표적 의견과 소수 의견에 대한 발표를 하고 직원 전체가 생각해낸 것을 공유한다. 이렇게 하면 직장의 문제점에 대한 의견을 잘 다듬을 수 있다. 이런 의견은 참가자 전원의 생각이 서로에게 영향을 주는 과정에서 도출되어 신용할 수 있는 정보가 될 것이다.

이렇게 직장의 문제점이 밝혀진다. 직원 전원이 함께 문제에 관한 의식을 공유하는 것만으로도 이미 충분히 사고 방지 효과가 있지만, 시간적 여유가 있다면 문제 해결 대책도 생각해보도록 한다.

이때에는 다음의 다섯 가지 질문을 염두에 두도록 한다.

① 위험하거나 귀찮은 작업은 폐지하거나, 자동화나 외주화하는 것은 어떨까?

② 시간이 걸리는 작업은 절차를 바꾸면 어떨까? 확인하는 절차도 개량할 수 없을까?

③ 어려운 작업에 도구(보조 장치)를 사용하면 어떨까? 또 도구를 개량하거나, 교환하는 것은 어떨까?

④ 어려운 작업으로 문제가 발생할 때, 그 대처법은 명확하고 적합한가?

⑤ 시간이 걸리는 어려운 작업에 시간과 숙련 기술을 더 투자하여 상품을 매력화·고급화할 수는 없는가?

덧붙여, 카드를 사용하여 의견을 모으는 방법을 KJ(Kawakita Jiro) 법이라고 한다. 또 처음에는 서로 상의하지 않고 독자적으로 의견을 낸 뒤, 구성원들끼리 서로 모두 의견을 공유한 다음에 다시 의견을 내고 집약하는 방법을 델파이(Delphi) 법이라고 한다.

11. '비잔틴 장군'이라는 문제

통신공학 분야에는 '비잔틴 고장'이라는 말이 있다. 보통 고장은 기계의 요소가 그 기능을 멈추고 작동하지 않는 침묵형 고장을 지칭하는 경우가 많다. 이에 반해, 비잔틴 고장은 어떤 오류를 내재한 채 어중간하게 작동하는 타입의 고장을 말한다.

비잔틴 고장의 어원은 다음과 같은 비잔틴 장군의 문제라는 윤리학적 논제에서 비롯되었다.

비잔틴 제국의 아홉 개 군단이 어느 도시를 포위하고 있었다. 이 도시의 방어는 견고해서 아홉 개 군단이 일제히 공격하면 승산이 있지만, 따로따로 공격하면 패할 가능성이 높았다. 이에 각 군단을 지휘하는 장군들은 총공격의 결단을 다수결로 정하기로 하고, 다섯 명 이상의 장군이 찬성 의사를 표하면 전 군단이 일제히 공격을 시작하자고 했다.

그런데 장군은 자기 담당 지역을 떠날 수 없기 때문에 전달병을 파견하여 통신을 한다. 아홉 명이 각각 나머지 여덟 명에게 자기 의사를 알리는 전달병을 보내야 투표 결과가 나오는 것이다. 그렇지만 장군 중에 배신자가 있다면 다수결로 일을 결정하기 어려워진다. 특히, 네 명이 공격에 찬성하고 네 명이 반대하는 아슬아슬한 경우에는 더욱 골치가 아프게 된다. 배신자가 네 명에게 찬성의 뜻을 전하고 또 나머지 네 명에게 반대의 뜻을 전하면 전력이 양분되기 때문이다. 즉, 찬성하는 장군들은 공격 결정이 내려졌다고 생각하고 반대하는 장군들은 또 그들대로 공격 유보 결정이 내려졌다고 생각하여, 전 군단이 나서야 할 전투에 절반의 전력만 출정하게 될 것이었다. 그러면 비잔틴 제국은 패배하게 된다.

비잔틴 장군의 문제는 이렇게 합의에 이를 시스템이 없어 이러지도 저러지도 못하는 딜레마를 뜻한다. 여기서 비잔틴 고장이라는 말이 파생된 것이다. 일반적으로 비잔틴 고장처럼 뭔가 잘못된 채 어중간하게 기능하기보다는, 이상 발생 시에는 차라리 기능이 정지되는 편이 낫다. 인간의 실수에서도 비잔틴 고장과 같은 오류를 가끔 볼 수 있다.

1966년, 베트남 전쟁에 참전 중이던 미군 항공모함 오리스카니함이 폭발하여 승무원 44명이 사망하는 사건이 일어났다. 하지만 이것은 북베트남군의 공격 때문이 아니었다. 어느 수병이 낙하산 장착용 조명탄을 운반하다가 갑판에 떨어뜨렸는데, 마침 스위치가 열려 조명탄에 불이 붙기 시작했다. 위험하다는 생각에 당황한 수병은 조명탄을 발로 차서 갑판에서 치우려 했지만, 하필 그것이 조명탄 더미가 보관되어있던 창고로 날아가버렸다. 그러자 순식간에 연이어 인화작용이 일어나 큰 폭발로 이어진 것이다.

1979년에 일어난 스리마일 섬 원자력발전소 사고는 비상용 원자로 냉각 장치를 군이 수동으로 정지시킨 탓에 빈 원자로가 점화되어 일어났다. 다만, 이 실수의 계기는 인간이 아닌 센서가 잘못된 신호를 계속 보내는 비잔틴 고장을 일으켰다는 데 있었다.

▼문제 비잔틴 고장이 발생하면 비상시의 순간적인 행동이 피해를 한층 확산시킨다. 이런 비잔틴 고장은 어떻게 방지해야 할까?

▲해답

항공의 세계에는 '플라이 디 에어플레인(Fly The Airplane: 비행기를 띄워 날게 하라)!'이라는 안전 표어가 있다. 어쨌든 항공기를 계속 비행하게 하는 것이 최우선이라는 의미이다. 아무리 문제가 심각해도 비행기가 공중에 떠있는 한 추락하지는 않는다. 다른 데 신경을 빼앗기고 있는 사이에 고도가 제로가 되어 추락하는 사고 사례가 매우 많다. 이런 일은 보통 무선 통신 상태가 나빠져, 장치를 만지는 사이에 지면으로 추락하거나, 구름 안에서 가로막힌 시야를 뚫고 빠져나가려고 불규칙하게 방향을 바꾸는 사이에 해면으로 격돌해서 일어난다.

일반적으로 평상시의 작업에서는 사고가 쉽게 일어나지는 않는다. 평상시에는 표준화된 순서가 갖춰져 있고, 작업자가 작업 절차도 분명하게 알고 있기 때문이다. 그러나 유지·보수 작업이나 문제 발생 시에는 그렇지 않다. 이러한 비정상적인 상황에 대처하는 표준 작업의 순서가 딱히 정해져 있지 않기 때문이다. 또 비정상적인 상황은 다양하고 경험하지 못한 뜻밖의 사태도 발생해서 그 가능성을 철저하게 다 예상할 수 있는 것이 아니다. 그래서 이상 상태에 관한 표준 작업 절차는 과거에 경험한 적이 있는 사고에만 유효한 순서가 정해져 있는 정도라고 할 수 있다.

그러므로 이상이 발생한 비상 상황에서는 '플라이 디 에어플레인!'과 같은 자세로 대응하는 수밖에 없다.

이를 위해서는 다음 사항을 기억해야 한다.

① 일의 우선순위를 분명히 한다. 안전에 중요한 것을 우선한다.

② 작업자 모두가 일치된 우선순위 인식을 갖도록 한다.

③ 우선순위가 낮은 것은 작업 절차에서 배제한다.

이에 따르면 비행기의 경우, 어떤 문제가 있어도 우선은 고도가 얼마인지가 가장 중요한 사항이 된다. 고도의 여유를 항상 확인하면서 대응 작업에 임하면 당장 큰 사고는 일어나지 않기 때문이다. 전기 설비의 유지·관리 시에는 항상 전압이 있는지 가장 먼저 살펴야 한다. 관련 작업을 할 때는 반드시 이 점을 기억하도록 한다. 작업 상황에 주의를 빼앗겨 1초라도 이 주의 사항을 잊어버리면, 자칫 고압부에 신체를 접촉해 감전 사고를 당하게 된다.

비잔틴 고장형의 휴먼에러는 우선순위의 확립이나 적용이 잘못

되어 일어난다. 조명탄 사고에서 탄약고의 안전은 갑판의 안전보다 우선되어야 하는 것이었다. 또 스리마일 섬 원자력발전소 사고는 냉각수가 넘치는 문제보다 냉각수가 부족해져 원자로가 비는 문제를 중시했어야 했다.

이렇게 우선순위는 냉정하게 생각해보면 당연한 내용이지만, 급박하고 당황스러운 상황에서는 재빨리 떠오르지 않는다. 그렇기 때문에 항상 우선순위를 철저히 인식한 자세로 대응에 임해야 하는 것이다.

12. 최악의 사고에 대한 대비

최근까지는 리스크를 수량화할 수 있다는 사고방식이 유행이었다. 리스크의 크기는 재해 발생 확률과 상정 피해 금액을 곱하면 계산해낼 낼 수 있다. 이는 곧 리스크의 크고 작음을 여러 가지 사고 패턴에 비교함으로써, 어떤 항목에 먼저 대응을 할 것인지 우선 순위를 정하고 안전을 위해 얼마나 많은 금액을 투자할지 결정할 수 있다는 의미이다.

그런데 이러한 사고방식은 큰 재해 앞에서는 제대로 효과를 발휘하지 못했다. 금융상품은 전문가들이 그 리스크를 고도의 수학적 기법을 이용해 예측하고 있었다. 이런 점에서 많은 사람들이 안심하고 있었지만, 결국 서브프라임 모기지론이 불러온 버블 경제가 닥쳐왔을 뿐만 아니라 리만 쇼크라는 대규모 파탄으로 이어졌다. 원자력발전소에 대해서도 대형 사고는 일어나지 않으리라는 안전 분석이 있었을 것이다. 하지만 역시 동일본대지진이 일어나자, 원자로 중 무려 네 개가 심각한 사고를 일으켰다.

리스크 계산은 극단적인 답을 내기 쉽다. 하나의 원자로가 사고를 일으킬 확률이 1,000분의 1이라고 한다면, 네 개의 원자로가 모두 사고를 일으킬 확률은 그 4제곱인 1조분의 1이 된다. 이런 수치는 너무 적어 실질적으로 '제로'라고 볼 수도 있을 것이다. 그런데 안전에 대한 보증이 이런 단순한 계산에 의해 장담되었던 것이다. 지금 와서 돌이켜보면, 하나의 원자로가 붕괴되는 재해가 일어난다면 인접한 원자로도 붕괴될 것이라고 좀 더 넓고 깊게 생각했어야 했다.

물론 상식에 반하여, 큰 사고일수록 잘 일어난다고 생각해야 할지도 모른다. 만약 악마가 존재하여 항공 사고를 일으켜 인간을 최대한 많이 죽이려한다면, 가장 대형인 여객기끼리 정면으로 충돌시킬 것이다. 그런데 1977년에 스페인령 테네리페 공항에서 정말 이러한 패턴의 사고가 일어났다. 점보기끼리 충돌하여 사상 최악의 항공 사고 사망자수를 기록한 것이다. 이 사고는 악마 같은 존재 없이도 가장 큰 피해를 부르는 상황에서 발생했다.

의료계에서는 대상 장기가 아닌 건강한 장기에 수술을 행하는 것이 최악의 사고 패턴인데, 1999년에 환자를 오인하여 수술한 사고가 실제로 일어났다.

독극물을 음료로 오인하여 일어나는 사고를 봐도, 피해자들은 가성소다라든가 살충제와 같은 맹독으로 피해를 입는다. 사고현장 주위에는 다른 여러 물질이 있었을 텐데, 굳이 가장 강한 독이 사고를 일으키게 되는 것이다.

피해 금액도 천문학적인 숫자가 되기 일쑤다. 2010년, 영국 석유회사가 일으킨 멕시코연안 원유 유출 사고로 환경 복구에 엄청난 자금이 소요되었으며, 2005년에 일본에서 일어난 주식 대량 오발주 사고는 막대한 금액을 한순간에 날려버리는 피해로 이어졌다.

▼**문제** 최악의 사고에 대비하려면 어떻게 하면 좋을까?

▲**해답** 최악의 사고가 쉽게 일어나는 데는 이유가 있다. 그 이유를 제거해가는 것이 사고를 막기 위한 대비가 된다.

① 기존의 통계 데이터가 착각을 부른다는 점을 기억한다

과거 유럽에는 검은 백조가 없었다. 그래서 유럽 사람들은 '백조는 모두 희다'고 결론을 내리고 검은 백조가 존재할 확률은 거의 '제로'라고 생각하게 되었다. 하지만 이런 믿음은 17세기 호주에서 검은 백조가 발견되면서 깨어졌다.

이처럼 인간의 무지와 통계학의 뒷받침이 잘못된 확신을 만들어낸다. 이 문제는 '블랙 스완'이라 불리며, 리스크 평가 관련 학문의 커다란 과제가 되었다. 사고가 중소규모라면 대부분 안전 대책으로 방어할 수 있다. 그래서 작은 사고는 그다지 발생하지 않고 막기 힘든 대형 사고만 일어나는 역전 현상이 생기기 시작했다.

따라서 통계에서 얻는 정보가 무엇이든, 대형 사고는 언젠가 반드시 일어나기 때문에 대비를 소홀이 해서는 안 된다. 최신 기술로 건조되어 절대 가라앉지 않을 것 같은 배도 구명보트는 갖춰야 하는 법이다.

② 바쁜 상황이 대형 사고를 부른다는 점을 기억한다

사고는 종종 일이 가장 많은 날 일어난다. 업무가 많은 날은 바빠서 실수도 많아진다. 기계도 대량의 일을 처리하기 위해 성능의 한계에 가깝게 일하지 않으면 안 되고, 따라서 고장을 일으키기도 쉽다. 또 그런 날은 문제가 일어나도 그 해결의 지원을 해야 할 시스템 역시 바빠서 그럴 여력이 없다.

1985년에 일어난 일본 항공기 추락 사고는 공교롭게도 추석 귀성 현상이 일어나는 최성수기에 발생했다. 비행기에 탑승객이 적었다면 총중량이 가벼워 조종이 비교적 쉬웠을 것이므로, 많은 승객이 생환할 수 있었을지도 모른다.

이런 점을 새겨, 여러 개의 대규모 업무에 동시에 착수하는 일을 경계하고, 업무량 평준화를 추진해야 한다. 그렇지만 세상에는 귀성 혼잡 등과 같이 배제할 수 없는 업무 집중 현상이 있다.

③ 편리함이 대형 사고를 부른다는 점을 기억한다

앞서 소개한 노자의 말대로 도구가 편리해질수록 사회는 점점 혼란스러워진다. 특히 현대사회는 그 말을 잘 반영하고 있는듯하다.

가성소다를 음료로 오인한 사건을 다시 보면, 그 경위는 다음과 같다. 가성소다는 기름을 비누로 바꾸는 성질이 있어서, 기름투성이의 식기를 닦을 때 소량 넣으면 기름때가 잘 벗겨진다. 그래서 식기 세척용 세제로 가성소다를 사용하는 곳이 있었다. 그런데 바텐더가 선반에 놓여있던 가성소다 병을 연유가 든 병으로 착각하여 그것을 넣고 칵테일을 만든 것이다.

항공 사고, 원유 유출 사고, 주식 오발주 사고의 공통점은 예전에는 불가능했던 사고라는 것이다. 과거에는 이러한 대규모의 업무가 불가능했기 때문이다. 기술이 발달한 덕분에 대규모 업무를 처리할 수 있게 되었고, 이에 따라 대형 사고가 일어날 수 있는 가능성도 커진 것이다.

그러므로 새로운 기술을 도입할 때는 좋은 면에만 현혹되지 말고, 리스크나 단점에 주의를 기울여야 한다. 대규모 사고를 피하는 방법으로는 신기술 도입에 신중에 신중을 기하며, 업무를 과거 그대로의 규모로 한정하는 경영적인 판단도 고려해볼 수 있을 것이다.

맺음말

월간지에 글을 연재하며 이 책을 집필하던 기간 중에 동일본대지
진이 발생했다. 여진과 원자력발전소 사고, 그리고 전력 부족으로
수도권은 위기를 맞은 상황이었다. 지금 생각하면 공황 상태에 빠
진다고 해도 결코 이상하지 않을 형편이었다.

그렇지만 사람들은 대부분 '결국 일어날 일은 일어날 수밖에 없
었다'고 달관하는 모습으로 애써 평소와 같은 생활을 하려고 했다.
그러한 사람이 수도권에 수천만 명이나 있었다. 필자도 그러한 위
기에서는 눈앞의 일을 할 수밖에 없다고 생각하고 원고를 계속 써
나갔다.

필자는 이러한 심리 현상을 충분히 설명할 수 있는 이론을 모른
다. 인간은 위기에 닥치면 오히려 강해지는데, 이는 기계는 도저히
따라 할 수 없는 재주이다. 휴먼에러라고 하는 재난마저 제거할 수

있다면 인간만큼 안전한 환경을 조성해낼 수 있는 존재도 달리 없을 것이다. 그리고 이런 일이 어렵지 않음을 독자 여러분이 실천하여 보여줄 수 있다면 필자는 기대 이상의 기쁨을 느낄 것이다.

나카타 도오루

안전 한국 4
휴먼에러를 줄이는 지혜

펴   냄   2015년 8월 20일 1판 1쇄 박음 | 2015년 9월 1일 1판 1쇄 펴냄
지 은 이   나카타 도오루
옮 긴 이   정기효, 이민자
펴 낸 이   김철종
펴 낸 곳   (주)한언
등록번호   제1-128호 / 등록일자 1983. 9. 30
주   소   서울시 종로구 삼일대로 453(경운동) KAFFE 빌딩 2층(우 110-310)
              TEL. 02-723-3114(대) / FAX. 02-701-4449
책임편집   유지현
디 자 인   정진희, 이찬미, 김정호
마 케 팅   오영일
홈페이지   www.haneon.com
e - m a i l   haneon@haneon.com

ISBN 978-89-5596-724-1 04500
ISBN 978-89-5596-706-7 04500(세트)

「이 도서의 국립중앙도서관 출판예정도서목록(CIP)은 서지정보유통지원시스템 홈페이지
(http://seoji.nl.go.kr)와 국가자료공동목록시스템(http://www.nl.go.kr/kolisnet)에서
이용하실 수 있습니다.(CIP제어번호: CIP2015018759)」

'인재NO'는 인재人災 없는 세상을 만들려는 (주)한언의 임프린트입니다.

한언의 사명선언문

Since 3rd day of January, 1998

Our Mission – 우리는 새로운 지식을 창출, 전파하여 전 인류가 이를 공유케 함으로써 인류 문화의 발전과 행복에 이바지한다.

– 우리는 끊임없이 학습하는 조직으로서 자신과 조직의 발전을 위해 쉼 없이 노력하며, 궁극적으로는 세계적 콘텐츠 그룹을 지향한다.

– 우리는 정신적·물질적으로 최고 수준의 복지를 실현하기 위해 노력 하 며, 명실공히 초일류 사원들의 집합체로서 부끄럼 없이 행동한다.

Our Vision   한언은 콘텐츠 기업의 선도적 성공 모델이 된다.

> 저희 한언인들은 위와 같은 사명을 항상 가슴속에 간직하고
> 좋은 책을 만들기 위해 최선을 다하고 있습니다.
> 독자 여러분의 아낌없는 충고와 격려를 부탁 드립니다.
> · 한언 가족 ·

HanEon´s Mission statement

Our Mission – We create and broadcast new knowledge for the advancement and happiness of the whole human race.

– We do our best to improve ourselves and the organization, with the ultimate goal of striving to be the best content group in the world.

– We try to realize the highest quality of welfare system in both mental and physical ways and we behave in a manner that reflects our mission as proud members of HanEon Community.

Our Vision   HanEon will be the leading Success Model of the content group.